ワーウィック・ヴィンセント [著]

占部城太郎 [訳]

湖の科学

Lakes
A Very Short Introduction

共立出版

日本語版に寄せて

古くて新しい学問　湖の科学に　心を惹かれる　若い人々は幸せだ

この本は，湖を学ぼうとする人々への宝箱である。ふたを開けると，ほぼ150年前にLimnology（陸水学）という言葉を初めて誕生させたスイスの研究者フォーレルへの敬慕の情があふれ出てくる。しかも扱っている内容は，フォーレルの基礎研究から最新の科学まで網羅しており，決して古めかしいものではない。むしろ，これほどまでによくコンパクトにまとめたと感心するほどである。

第1章の序文で，「湖やその水面下にあるさまざまな事象や謎についてワクワクした気持ちをもって，もっと学びたいと思ってもらいたい」と語っている。第2章では湖とは何かについて触れ，第3章で光と湖，波，流れなどの物理現象を記述している。第4章では湖に棲む微小な生物と水中に溶ける気体や化学物質を扱い，第5章で生物生産と食物連鎖が登場する。第6章は著者が得意とする極地や高地の湖沼の話である。そして最終の第7章では，「人間と地球環境とは相互依存の関係にあり，生存に不可欠な生態系サービスとそれを支える環境全体を健全な状態で維持していかねばばならない」と結んでいる。
著者　ワーウィック・ヴィンセント博士は，私の古い友人である。年齢が近いこともあり，1992年頃からお付き合いをさせていただいている。1993年の琵琶湖から始まり，2002年にニュージーランドのタウポ湖，2015年にカナダ最北端のワードハント湖の調査をご一緒した。どれも懐かしい思い出であり，その都度，多くのことを教えていただいた。

ヴィンセント博士は博識の人である。しかも深い知識と不断の思考に裏打ちされた誠実な研究姿勢は，本書にもよく表れている。この本は博士の傑作の一つであり，占部城太郎博士の翻訳によって輝いている。このような手引き書をもとに，陸水学を学べる学生や若い研究者は，幸せである。ヴィンセント博士がいうように，陸水学は人間と自然の間に横たわる謎解きの学問でもある。「ようこそ Limnology の世界へ」，そういう博士の声が，そしてフォーレル博士の声が聞こえてきそうだ。地球温暖化の進行が止まりそうにない現代だからこそ，本書を読んで地球科学の必要性と可能性を学んでほしい。すべての国，すべての人種，すべての学問を融合しなければ，今降りかかる困難を克服することはできないのだから。

熊谷道夫

2021 年 11 月 5 日大津

日本語版への序文

1989年8月，私は幸運にも初めて日本を訪問する機会を得た。それは，京都国際会議場で開催された第5回国際微生物生態学シンポジウムに出席するためである。このシンポジウムには1000人以上もの研究者が世界中から集まり，興味深い研究成果が数多く発表された。しかし，私にとって一番の楽しみは，日本の文化だった。特に，驚くほど近代化された新幹線に乗り，京都の古い寺院を訪れて深淵な美に触れ，多様で美味しい日本食を食べることであった。

このシンポジウムでの会議中，会議の中休み日にどこに行くべきか，一人の若い日本人研究者に数人の米国人研究者とともに相談した。私は当時ニュージーランドのタウポ湖で研究しており，タウポ湖は「ニュージーランドの琵琶湖」といわれていたので，本物の琵琶湖を見たいと思っていた。地図で調べると，琵琶湖は京都からほど近い。この機会を逃すまいと思い，その若い研究者に会議場から琵琶湖に行くことができるか尋ねてみた。幸運にもその人物は，琵琶湖の微生物を研究している永田俊博士だった。彼は早速，京都大学生態学研究球センター（当時は京都大学臨湖実験所）教授で日本の陸水学の指導的研究者である中西正己博士に連絡してくれた。中西博士自らが，私達を琵琶湖に案内してくれることになったのである。案内当日，中西博士の琵琶湖についての深い知識に魅了され，研究や文化など琵琶湖にまつわる楽しい話を聞きながら，実に幸せな1日を過ごすことができた。その際，琵琶湖由来の水を参加したシンポジウム当日からすでに飲んでいたこと，琵琶湖は大津のみならず，京都・大阪・神戸など大都市に住む人々にとって貴重な水源であることなどを知って，少し驚いた気持ちになった。とはいえ，この時の訪問が，その後の私の研究

や日本人研究者との交流に大きな意味をもつとは，想像さえしなかっ
た。

その3年後，私はカナダ・ケベック州にあるラバル大学に生物学の教
授として異動していたが，滋賀県琵琶湖研究所の主任研究員であった
熊谷道夫博士から共同研究立案の思いがけない誘いを受けた。それ
は，「琵琶湖国際共同観測（BITEX-93）」と名付けられた大規模な野
外観測計画で，具体的には，日本だけでなく世界各国の湖に関する物
理，化学，生物の専門家が集まり，共同で集中観測を行うことで湖研
究を推進することが目的だった。熊谷博士は，この一連の計画のなか
で，より近代的で新しい調査手法を実践するための調査船を建造して
おり，その「はっけん号」と名付けられた真新しい調査船が桟橋に係
留されていた。ひと目見て，調査船としての機能が随所に工夫されて
いること，共同観測がうまく行くことがわかった。

翌1993年，いよいよ琵琶湖国際共同観測（BITEX-93）が始まった。
この観測には，世界各地から150名もの研究者が集まり，これまでの
湖沼水研究で一番大掛かりな観測となった。熊谷博士はこの観測全体
の指揮をみごとにとり，その観測成果はいくつもの論文となって発表
された。その功績により，熊谷博士は本書でも触れた国際陸水学会か
らバルジ賞（Baldi Award）が授与されている。

その後，私と熊谷博士は琵琶湖で，また本書にも出てくるタウポ湖
や，地球全体の環境変化が検出されている北極域のワード・ハント湖
やA湖で，数年にわたって共同研究を行った。その間，熊谷博士は，
日本陸水学会が発行している英文科学雑誌 *Limnology* の初代編集長
として陸水学に貢献しただけでなく，はっけん号を活用して，小・中
学校の生徒に湖や環境の観測を実地で経験する機会を提供し，科学の
理解を育む活動もしていた。私自身もそれらの学術・啓蒙活動に参加

することで，将来を担う若者の育成について刺激を受けた。何より
も，熊谷博士は私に日本とその文化，さらには日本各地の湖を知る機
会を惜しみなく提供してくれた。その縁もあり，本書の冒頭で日本語
版出版に寄せた「まえがき」の執筆をお願いした。

振り返ってみると，幸運にも，私は世界のいたるところの湖，ニュー
ジーランド，南極・北極や北米・南米，ヨーロッパの湖，そして琵琶
湖などを訪れて研究し，またその湖の研究者と交流をすることができ
た。本書で紹介している湖のほとんどは，私が実際に訪問した湖であ
る。本書は，スイスの生態学者フランソワ・アルフォ・フォーレル博
士（François A. Forel）と彼が研究したジュネーブ湖（フランス語で
レ・マン湖）を中心に話を進めている。フォーレルはスイス人で陸水
研究のパイオニアである。本書を読み進めていくうちに，ニュージー
ランドや北米で過ごしてきた私が，どうして，あまり縁のないフォー
レルが住むスイスの街やジュネーブ湖を中心に執筆したのか，不思議
に思われるかもしれない。

先にも述べたように，私は1990年にカナダのフランス語圏の都市，
ケベック州にある大学に赴任したため，フランス語で講義を行う必要
性に迫られた。そこで，フランス語を勉強するため，100年以上も前
に出版されたフォーレル博士の書籍や論文を読むことにした。これら
の著作，なかでも Limnology（陸水学）を最初に定義した3分冊から
なるモノグラフは，フランス語で書かれ，他言語には訳されていな
かったからである。このモノグラフを読みすすめていくうちに，
フォーレルの詳細を知りたくなり，彼の全著作が保存されているジュ
ネーブ湖畔の街ニヨンにあるジュネーブ博物館や，スイス連邦工科大
学ローザンヌ校の陸水研究センター，さらにはフォーレルのひ孫にあ
たるモントルー在住の François D. C. Forel 氏に連絡をとり，フォー
レルの著作や Limnology という学問の創設時の様子についてくわし

く教えてもらった。これらフォーレルの著作や聞き取りなどから，人間社会と湖生態系を統合的に理解しようようとした彼の姿勢に深く感銘を受け，地球環境変化が懸念されている今日ほど，そのようなアプローチが必要であると感じた。そこで，本書でも，フォーレルの軌跡をたどりながら，彼の姿勢を反映させることにした。

さて，先に述べた BITEX93 であるが，特に思い出深いことは，熊谷博士や中西博士とともに，彼らのチームにいた多くの若手研究者と出会えたことである。そのうちの一人は私を最初に琵琶湖に連れて行ってくれた永田俊博士で，彼はその後，東京大学大気海洋研究所の教授になった。当時大学院生であった中野伸一博士は，京都大学生態学研究センターの所長として，若手研究者であった占部城太郎博士は，現在は東北大学生命科学研究科の教授として活躍し，水圏生態系の栄養塩フローの基礎となる重要な成果をあげている。今回，昔からの仲間である占部博士が，忙しい合間を縫って，Oxford University Press から出版した本書を日本語に訳し紹介してくれることになった。そこで，日本語版の出版にあたって，日本の学生がさらに湖の科学に興味をもってもらえるよう，日本の湖沼やその研究例をいくつか加えることにした。占部博士には，日本の初学者や学生を対象に，丁寧でわかりやすい日本語に訳すよう心がけていただいたことを感謝したい。

本書の執筆にあたっては，次の多くの陸水研究者，B. Beisner, S. Bonilla, R. Cory, A. I. Culley, G. W. Kling, M. Kumagai, U. Lemmin, I. Laurion, C. Lovejoy, S. MacIntyre, S. Markager, F. Pick, R. Pienitz, M. Rautio, G. Schladow, R.W. Sterner, J. Utaro, P. Vanrolleghem and A. Vigneron から有益なコメントを頂いた。また，Amanda Toperoff は本書で用いた図を作成してくれた。私の研究は多くの助成機関，特に NSERC, FRQNT, CRC, CFI, NCE-ArcticNet and CFREF-Sentinel North に支えられて行うことができた。この場を借りてお礼を申し上

げる。最後に，本書の日本語版を快諾していただいた共立出版に深い
感謝の意を表す。

Warwick F. Vincent

2021 年 11 月

目次

本文中の書体・記号について

・本書日本語版で，ヴィンセント博士が加筆した箇所（教科書体）

・＊：訳者の注釈

1 はじめに

湖とはなんだろうか？　こういう質問は一見，答えるのが簡単そうに思える。たとえば，「それは陸に囲まれた水が溜まる場所」であると。しかし，この無機質で物理的な定義は答えの一端にすぎない。湖には，その意味することや性質などについて，実にたくさんの興味深い答えがある。たとえば，淡水生物学者にとっては，湖は陸のオアシスであり，微生物や多様な植物や動物が相互作用しながら生活する場であり，食物連鎖や生態系のしくみ，まだ知られていない種などが明らかにされて行く場といえるだろう。環境科学者にとっては，より化学的な過程，たとえば生物活動に伴う水質の変化や，水と大気とのガス交換が行われる場である。周囲の陸から流入した物質が集積し変換されるとともに，植物や藻類が光合成によりあらたな有機物を生み出す場でもある。湖の底にある堆積物には植物の花粉や微小なプランクトンの遺骸，すなわち微化石が保存されており，地学の研究者にとって湖は，湖やその周囲の過去の環境を知る情報の保管庫ともいえるだろう。それら湖に埋もれた情報を紐解くことで，私達は将来さえ見通すことができるかもしれない。

応用科学や社会科学の研究者にとっては，湖は管理すべき場所であり，清潔な飲料水や水力発電，水産，浄化，治水など，人間社会にとって必須の便益を提供する場といえるだろう。そのような便益をここでは生態系サービスと呼ぶことにしよう。私達の社会に不可欠なこ

の生態系サービスを維持していくためには，湖の水収支，河川や地下水の流入や水の蒸発，漏水，河川からの流出など，水の出入りについてまず注意深く調べる必要がある。水は地球のあちこちで不足しがちであり，たとえば地球温暖化などによる湖の流入出量のちょっとしたバランスの変化さえ，私達の生活に大きな影響を及ぼす可能性がある。

湖は，物理的には，風と太陽光によってエネルギーを与えられて動き続ける水の総体である。湖では，季節によって水温，酸素，塩分などが異なる層を形成したり，他の季節には鉛直的に水が混合することでそのような層が消失したりする。また，湖は陸域のさまざまな景観と水を通じてつながっている。湖に流入した水はそのまま流出するのではなく，湖のなかで風により流れが変化したり，ときに渦を巻いたり，あるいは水面だけでなく水面下で波を形成するなど，実に複雑な動きをしている。

筆者は，自分の調査地に向かうため，飛行機に乗ってカナダ北域を空から眺める機会が毎夏ある。眼下には島のように無数の湖がキラキラ輝き，さらに北に進むと雪が残るツンドラのなかに氷で覆われた多数の湖が点々と広がる景色を楽しむことができる。筆者の興味の一つは，このような点々と湖が広がる景観のなかで，微小な生物がどうやって分布を広げていくのかを詳らかにすることにある。湖，特に歴史の古い古代湖は魚や甲殻類など水生生物の研究者にとって自然の実験室であり，侵入した生物の遺伝的変化や種分化は，私達の地球がどうやって多様な生物を進化させてきたのかを理解する絶好の機会を提供している。このような視点で湖を見ていると，かつてチャールズ・ダーウィンが，生命はアンモニアやリン酸など物質が蓄積した小さな温かい池で生じたのではないかと想像したことも頷けるだろう。

湖は陸の窪みであり，いくつかの例外を除いて海に流れる前に水が留まる場である。このため，湖では水を集める陸域のエリア（これを集水域 catchment あるいは watershed と呼ぶ）から，植生や地質，さらには人間活動に由来するさまざまな物質が流入し集積する（図1）。よって，湖は環境変化の指標となり，たとえば地域や地球規模での気候の変化，人間活動に伴う有害物質の暴露や生物多様性の変化など，世界中で懸念されている現在進行中の変化や過去に起こった環境変化を語る監視者ともいえるだろう。

次に，大きさについて考えてみたい。ダーウィンが述べた小さな温かい池は，湖だったのだろうか？　池と湖の違いは何だろうか？　ある人は，池を「歩ける深さの水体」と定義しているが，それをぬかった湿地で確かめてみるのは悲惨な結果を招くだろう。また，底まで凍るのが池で底までは凍らないのが湖であると定義する人もいるが，それは（筆者が住む）カナダでしか通用しない定義だろう。実際のところ，底まで凍るような水体はカナダでさえ稀である。イギリスの湖沼

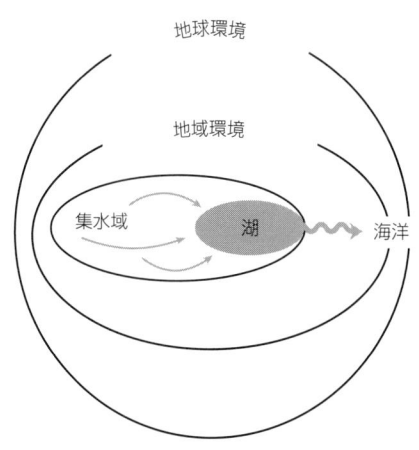

図1　湖は，周囲環境の変化を統合し，指標し，私達の社会に伝達する

地方では，小さい水の溜りを tarn と呼び，大きい溜りを lake, mere あるいはたんに water と呼ぶが，筆者が見たところではそれらの違いを明確にする定義はないようだ。哲学で有名な北米の湖はウォールデン池（Walden Pond）[*1] であり，湖と池についての混乱に拍車をかけている。ニューファンドランド島では，あらゆる湖を池と呼んでおり，たとえばウエスタン・ブルック池（Western Brook Pond）は長さ 16km で深さが 165m もある。本書では池と湖は区別せず，小から大まで区切りのない一連の水の溜り，つまり止水域のすべてを湖として扱うことにする[*2]。

とはいえ，ある国や地域にどれくらい湖があるかを考えるときには，湖の大きさはしばしば重要である。そのような場合，少なくとも湖の最小の大きさを決めておかないと数えられないからである。かつては衛星写真で判別し，最近ではドローンなどの空撮によっても湖の数を調べられるようになったが，それでも，識別できる湖には限界があ

[*1] Walden Pond は北米マサチューセッツにある周囲 2.7km・水深 31m の湖である。19 世紀初頭にその湖のほとりで Henry David Thoreau が「Walden; or, Life in the Woods」というアメリカでのノンフィクション著述の最高傑作と称された随筆を執筆したことから，有名な湖である（第 2 章も参照）。

[*2] 日本では，池，湖の他に沼という呼称がある。池は一般に人工的に作られた水体を指すことが多く，湖や沼は自然にできた窪地に水が溜まったもので，夏季に水温躍層が発達する水体を湖，発達しない浅い水体を沼と称する傾向がある。たとえば，宮城県伊豆沼の面積は $3km^2$ 弱であるが水深は 1.3m 程度であるのに対し，それより面積が 1/10 しかない日光湯ノ湖では水深が 12m ある。ただし，沼も湖も厳密な定義はなく，英語では沼も湖と記すことが多い。たとえば，霞ヶ浦の英語名称は Lake Kasumigaura，訳者がしばしば研究を行った山形県の畑谷大沼は，論文などでは Lake Hataya Ohnuma と称している。民俗学的には，カッパ（やトロルなどの魔物）が棲む場所を沼，そうでない自然の水体を湖と呼ぶ異説もある。本書では，文脈により，湖ではなく湖沼と呼ぶことがあるが，それは小さな水体も含めた水圏生態系の記述を目的としているからである。

る。高解像度の衛星写真では，面積 0.002 km^2，すなわち直径 50 m の湖でなければ識別できない。この衛星写真で識別できるサイズ下限を閾値とすると，湖の数は 1 億 1700 万，すべてを合わせた面積は 500 万 km^2（5×10^6 km^2）に達する。カナダとアメリカの国境にある北米五大湖の総面積はその 5% にすぎないが，貯水量は地球表面にある淡水の 20% に相当する。一方，世界最大の湖であるロシアのバイカル湖は，それだけで世界の淡水の 20% を貯水している。

本書の目的は，湖沼に関する科学的知見，特に人間社会に必要な湖沼生態系の機能や環境変化に対する応答を，簡潔かつ容易に理解できるよう紹介することにある。もちろん，科学以外にも，私達人間社会が湖沼を必要とする理由はたくさんある。深い霧のなかに佇むミステリアスな湖はさまざまな文学や詩の主題やモチーフとなってきた。たとえば，シルヴィア・プラス（Sylvia Plath）の「Crossing the Water」やウィリアム・ワーズワース（William Wordsworth）が幼少期に暗く恐ろしげな湖を夜間横断した経験を詩作した「The Prelude」などである。ニュージーランドのマオリ族の深い湖に棲む伝説の生き物 Taniwha など，不思議な生物の伝承は世界中にあり，湖はそのような精神世界の舞台となっている。ボリビアやペルーには，インカの民は深いチチカカ湖から現れた太陽神 Initi に育てられた Manco Capac と Mama Ocllo から生まれたという神話が残っている。鏡のような，あるいは多様な色彩を映し出す湖は，画家や音楽家や作家などの創造をかき立て，多くの旅人や観光客をその畔に惹きつけてきた。松尾芭蕉の「古池や 蛙飛び込む 水の音」では，池や湖の水の音が俳句に盛り込まれているし，フランスの哲学者ガストン・バシェラール（Gaston Bachelard）は夢についての著作のなかで，水溜りや池，泉や湖や小川が物事の創造や夢想の重要な要素になると述べている。

だが，本書は科学に焦点をあてる。ここで，文学や伝説に関すること
を紹介したのは，読者が湖を訪れたとき，湖やその水面下にあるさま
ざまな事象や謎についてワクワクした気持ちをもって，もっと学びた
いと思ってもらいたいからである。本書では，それぞれの章で，湖の
物理，化学，生物についての重要事項を述べていく。しかし，読み進
めていくうちに，それぞれは独立したものでなくつながっているこ
と，それらのつながりが人間の生活を支えていること，さらにそのつ
ながりを通じて，人間活動が直接あるいは地球環境変化を通じて湖の
自然に影響を及ぼしていることがわかるだろう。湖の生態についても
優れた多くの教科書がある。それら書籍は湖の科学を進展させたさま
ざまな理論や発見について幅広く紹介している。しかし，「湖の科学」
には発見と観察の長い歴史があり，最新の知見もその根源は 19 世紀
にスイスアルプスに囲まれた美しいジュネーブ湖（Lake Geneva，フ
ランス名レマン湖）を調べた若い科学者の研究成果に由来している。
次章では，まず，そのことから紹介する。

2　湖：深さのある水体

私の前には2つの選択肢があった。一つは，これまで研究し，大学でも講義をしてきた解剖学や組織学，さらには生理学の研究室を作ること。もう一つは，私の前に水族館のように広がり，あたかも私に手招きしているかのようなこの湖の謎を紐解く研究室を作ることだ。私の選択は，すでに決まっていた……

F. A. Forel

ジュネーブ湖の畔には，医学の学位を取得した新進気鋭の若い科学者，フォーレルが佇んでいた。彼は，この先数十年をかけて，今では湖の科学の基礎となっているさまざまな研究に挑戦しようとしていた。フォーレルはスイス人で，フランスとスイスに国境を接するジュネーブ湖近くの街で生まれ育った。彼は，この湖がいかに周辺の人々の暮らしに重要か，すでに気づいていた。この湖の水は欠くべからざる飲料水を提供しており，それなくしては湖畔にあるローザンヌの街と，そこにある彼が教鞭をとる科学院の発展はありえないからである（この科学院は今ではローザンヌ大学となっている）。

フォーレルの父は，彼が子供の頃，ジュネーブ湖畔に点在し，フランス語で Le Leman と呼ばれる高床式の古い湖上住居の跡地によく連れていってくれた。そこは青銅器時代，湖に杭を打ちその上に立てた住居の跡で，人が長きにわたって湖とともに暮らしてきた考古学的痕跡

を発見できる場所であった。その経験を通じて，フォーレルは，ジュネーブ湖が漁業や物資の輸送にも重要であることに気づいた。後の研究で，彼はその商業価値の試算もしている。もちろん，彼はスイスアルプスに囲まれた湖そのものが美しい景観であることを熟知し，友人でもあったスイスの著名な風景画家フランソワ・ボジョン（Francois. D. Bocion）とともにその景観を大いに楽しんだ。しかし，フォーレルはそれに飽き足らず，ジュネーブ湖に湛えられている深く青く澄んだ水には，何か科学の謎が隠されているのではないかと考えるようになった。その謎の多くは，彼の研究により，しだいに詳らかにされていくことになる。

フォーレルは，スイス，フランス，ドイツで 11 年にわたる医学に関する学業を修めた後，1867 年，26 歳のときに生家のあるモルジュ町（Morges）にほど近いローザンヌに戻ってきた。湖を科学的に研究するというフォーレルの意思は，科学院で彼の前任者でもあったドイツ人科学者に好意的に受け入れられたが，より焦点を絞った課題に取り組むべきだとアドバイスされた。フォーレルはそれに関して深い議論はせず，多くの課題に取り組んだ。たとえば，波や湖流に関すること，太陽光の湖への透過量や湖水の化学組成に関すること，湖に生息する植物に関すること，動物に関すること，さらには水中に分布している微生物のこと，などである。ほどなく，彼はそれら多様な課題を一つの学問体系としてまとめ上げた。

フォーレルは，1982 年，ジュネーブ湖に関する学術書，「ジュネーブ湖のモノグラフ」第 1 巻を出版したが，その序文のなかで，ギリシャ語で湖を指す limne をとって Limnology（陸水学）という新たな学術分野の提案をしている。彼は，この陸水学という学問は総合科学であり，いわば海洋学の湖版であると定義した。今日では，陸水学は湖だけでなく，河川や湿地，沿岸域に広がる汽水域も対象に含んでいる。

しかし，フォーレルの最大の関心事は湖や池についてであった。この陸水学は，その後多くの国で学会が設立されている。国際的な学会，国際陸水学会（International Society of Limnology）や先進海洋陸水学会（Association for the Sciences of Limnology and Oceanography）なども設立された。また，日本陸水学会は世界でもっとも古い陸水学の学会であり[*3]，1931 年から日本陸水雑誌を，2000 年からは Limnology 誌を出版している。残念ながら，「陸水学」という言葉は，多くの人には馴染みがない。海洋学 Oceanography の語源はギリシャ語の okeanos に由来するが，英語で湖沼を指す Lake はギリシャ語を語源としていない。それは，ラテン語で集水盆（basin）を意味する lucus に由来する。一方，ギリシャ語の limno（湖）に由来するフォーレルのいう Limnology は直感的で，湖の保全や修復・管理などを含めた学問の意図に合致する言葉である。

フォーレルは湖の科学を 3 つの分野に分けた。それらは，いずれも今日では淡水を研究する研究者の基盤となっている（図 2）。その第 1 は湖の物理環境であり，それには湖の地質的由来，水収支，大気との熱交換，水深に伴う光や水温の変化，水の動きを支配する波と流れや鉛直混合過程などが含まれる。第 2 は化学環境の重要性で，湖生態系で機能的な役割を果たしている溶存態および懸濁態のさまざまな物質についてである。第 3 は湖に生息する生物についてであり，植物・動物・微生物はもちろん，それらが形成する食物網や湖底や水中に広がる生物群集の構造と機能についてである。

このようなフォーレルの科学には，当時の一般的な考えや他の専門分

[*3] 我が国においても，フォーレルの論文に触発された学者が地理学・生物学・物理学・化学を横断する総合科学として湖沼を研究するようになり，1931 年に日本陸水学会が誕生した。学術団体としては，90 年の歴史がある。

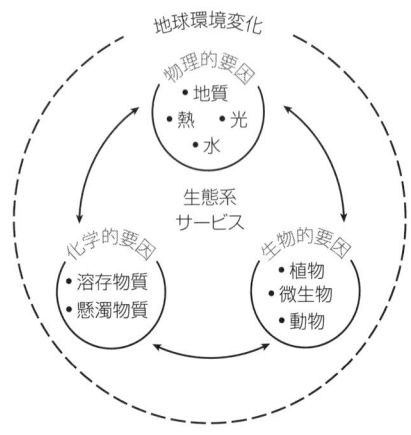

図2　湖の生態系サービスに影響を及ぼす地球環境変化とその諸要因間の相互作用

野とは異なる2つの面があった。まず第1に，陸水学の定義について彼が述べたように，湖の研究は湖を異なる側面から眺め，それら関係を結びつけることで，湖という生態系を総合的に理解することを目指している。物理，化学，生物に関する各要素間の相互作用は特に興味をそそるものである。たとえば，陸域起源の有機物は湖水をいかに緑色に呈するのか，集水域の基岩の風化はいかに湖水のミネラル成分に影響するか，湖底に棲む動物の生活はいかに水中をただようプランクトンの繁殖や死滅に関係しているか，などである。当時は閉じた小宇宙としての湖沼という考えが流行っていたが，これに対して，フォーレルは1891年にこう書いている：

むしろ，湖は大気ガス成分の変化などを通じて世界のいたるところと関係をもっており，溶存・非溶存物質の流出を通じて下流と，新たな物質の流入を通じて上流とつながっている。

彼の考えがユニークだった第2の点は，人の生活に関するものである。フォーレルは湖畔の住人もジュネーブ湖の一部であると捉えたのである。湖畔の住民は，湖に依存して生活しており，飲料水，漁業，人や物資を運ぶ水路，水辺に住むことで得られる日々の暮らしの娯楽や精神的な安らぎなど，さまざまな自然の恩恵，今日的な表現をするなら生態系サービスをジュネーブ湖から得ている。フォーレルは，もし，水位を無造作に変えたり，外来種を導入したりすれば，これらの恩恵が損なわれてしまうのではないだろうか，生活排水から湖を通じて病気の感染源が広がったりしないだろうか，と懸念していた。人間も生態系の一部であるという考え方は，20世紀の中頃までは一般的でなかった。しかし，地球環境変化に直面している今日では，その考えは特に重要で，生物圏をいかに維持していくかが大きな課題となっている。人間はこの生物圏の一部であり，生物圏なくしては生きていけないからである。

湖の誕生と消滅

フォーレルは，3分冊からなるジュネーブ湖のモノグラフのなかで湖を形成する湖盆の成り立ちについてかなりのページを割いて論述している。また，氷河を流れ湖に注いでいるローヌ川（Rhône River）がもたらす鉱物粒子の堆積過程も記述している。このような外部から運ばれる物質や，生物活動により湖内部で生産される有機物が湖底に蓄積されるという事実は，景観のなかで湖が出現するのは一時的であり，湖ができたとたんに物質が蓄積され，やがて消滅していくことを意味している。世界でもっとも深くかつ古い湖であるシベリアのバイカル湖（Lake Baikal）は，その良い例かもしれない。バイカル湖の最大水深は1642mであるが，誕生してから今日までの2500万年の間に7000mに及ぶ堆積物ですでに埋められているのである。

湖には実にさまざまな成因がある。地球の地殻を構成するプレートテクトニクスが動くことで生じた地溝にできる地溝湖，氷河が地表を削ることでできる氷河湖，河の氾濫や蛇行により生じる河跡湖や三日月湖，火山の火口にできる火口湖，土砂崩れなどによりできる堰止湖，さらに人間が作る池や貯水池（ダム湖）などもある。地溝湖は，バイカル湖（Lake Baikal）の他，東アフリカにあるタンガニーカ湖（Lake Tanganyika）などがある。米国のリゾート地でもあるタホ湖（Lake Tahoe）は，最大水深 510m・平均水深 300m で，断層活動により生じた。一般に，世界的に古く大きな湖はプレートテクトニクスにより生じる地溝湖で，その古さゆえにそこにしか生息していないさまざまな動植物，すなわち固有種を進化させてきた。

そのような固有種が多く見られる地溝湖として，たとえばアフリカの地溝帯にある湖群をあげることができる。その一つ，マラウイ湖（Lake Malawi）には 850 種以上の魚類が生息しているが，それら 11 科に及ぶ分類群のほとんどは固有種で，特にシクリッド科魚類は固有種に富んでいる。タンガニーカ（Lake Tanganyika）には 200 種のシクリッド科魚類を含む 16 科の魚類固有種が生息している。最大水深 84m で面積 68,800km^2 に及ぶビクトリア湖（Lake Victoria）では，かつて 500 種の魚類が生息していたと考えられている。残念ながら，これらの湖の環境や生物は，周囲耕作地の開発や過度な漁業，さらには外来種の侵入に脅かされている。たとえば，ビクトリア湖へのナイルパーチ（Nile perch）の導入は，魚類群集での捕食‐被食関係や競争関係を変化させ，水質の悪化などとともに，おそらく 200 種の固有種の絶滅をもたらしたと推定されている。

プレートの動きや断層により生じた古代湖の他の例は，日本の琵琶湖である。琵琶湖には 70 種にも及ぶ固有種が生息しており，なかでも大型のナマズであるビワコオオナマズ（*Silurus biwaensis*）は印象的

である。また，南米チチカカ湖にはチチカカオオガエル（*Telmatobius culeus*）や50種に及ぶ固有のパプフィッシュ（*Orestias* 属）が生息しているし，アルバニアと北マケドニアの国境にあるオフリド湖（Lake Ohrid）には，固有の海綿類や14種の巻貝が生息している。さらに，バイカル湖では，プランクトンである珪藻の *Aulacoseira baicalensis* やケンミジンコの *Epischura baicalensis*，形態的にも実に多様なヨコエビ類など1000種以上の固有種が記録されている。これらバイカル湖の固有種のなかには，カジカなどの魚類や，唯一淡水に生息する海獣類であるバイカルアザラシ（*Pusa sibirica*）も含まれている。

世界の多くの湖は，最終氷河期に氷河活動により地面が深くえぐられことでできた凹みを成因としている。これには，イギリスの湖沼地帯の湖（図3）も含まれる。また，水深の深いジュネーブ湖（水深310m），スイスとドイツ国境のコンスタンツ湖（Lake Constance：水深251m），スイスとイタリアの国境にあるマジョーレ湖（Lago Maggiore：水深372m），イタリアのコモ湖（Lake Como：水深425m），スコットランドのネス湖（Loch Ness：水深227m）やモラー湖（Loch Morar：水深310m）がある。また，北米五大湖であるミシガン湖（Lake Michigan：水深281m）やスペリオル湖（Lake Superior：水深406m），ニュージーランド南島のワカテップ湖（Lake Wakatipu：水深380m）やハウロコ湖（Lake Hauroko：水深462m）も氷河湖である。このように氷河活動は，土壌を基岩まで削ることで，浅いながらも多くの湖の成因となっており，カナダ北域にある先カンブリア期の基岩が露出する地域の湖沼群などもその良い例である。このような氷河活動による基岩の露出は，たかだか数千年前のことであり，カナダ北域の氷河湖の湖底に蓄積している堆積物の層はまだ薄い。

氷河が後退すると，地表を削りとられその先端に堆積していた岩屑や

2 湖：深さのある水体

堆石（モレーンという）が堰となって水が溜まり湖となる。このようなモレーンの堰止めによる湖をモレーン湖と呼ぶ。代表的なのは，チリ南部で美しい景観を造っているランクイェ湖（Lake Llanquihue：水深 317m，この湖は火山活動の影響も受けている）やリニウェ湖（Riñihue Lake：水深 323m）などである。南米で最大面積（1850km²）・最大水深（586m）のモレーン湖がパタゴニアにある。それは，2 国

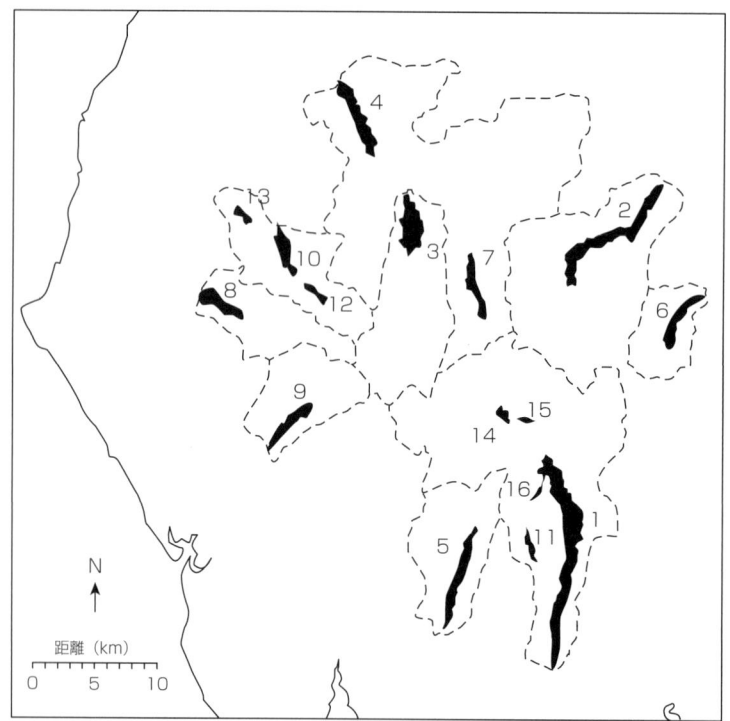

図3 英国湖沼地帯の湖とその集水域。英国の北西に位置する英国湖沼地帯には表1に示したような多くの湖が点在し，1920年代から王立淡水生物研究所が，近年では生態水文センターが中心となって研究を行っている。各湖は自転車の車輪のスポークのように放射状に広がっている。このような湖の配置は，更新世の氷河期に氷河活動で形成されたドーム状氷河が，放射状に溶け出す際に削られてできたと考えられている。

14

表1 英国湖沼地帯の湖（湖番号は図3の位置を示している）

湖番号	湖　名	面積 (km^2)	最大水深 (m)	平均水深 (m)
1	ウィンダミア	14.8	64.0	21.3
2	アルスウォーター	8.9	62.5	25.3
3	ダーウェン・ウォーター	5.3	22.0	5.5
4	バセンスウェイト	5.3	19.0	5.3
5	コニスドン・ウォーター	4.9	56.0	24.1
6	ホーズウォーター	3.9	57.0	23.4
7	サールミア	3.3	46.0	16.1
8	エンナーデイル・ウォーター	3.0	42.0	17.8
9	ワストウォーター	2.9	76.0	39.7
10	クルモック・ウォーター	2.5	44.0	26.7
11	エススウェイト・ウォーター	1.0	15.5	6.4
12	バターミア	2.0	28.6	16.6
13	ロウズ・ウォーター	0.6	16.0	8.4
14	グラスミア	0.6	21.6	7.7
15	ライダル・ウォーター	0.3	20.0	7.0
16	ブレラム・ターン	0.1	14.5	6.8

にまたがるため，2つの名前をもち，アルゼンチン側ではブエノスアイレス湖（Lake Buenos Aires），チリ側ではヘネラルカレーラ湖（General Carrera Lake）と呼ばれている。氷河が後退する際，大きな氷塊がところどころに取り残され，それが溶けることで湖盆が形成される。そのような湖はケトル湖（kettle lake）あるいはポットホール湖（pothole lake）と呼ばれ，北米やユーラシア大陸北部など，かつて氷河があった地域のいたるところにある。

氷河は地表をブルドーザーのように削りながら成長していくが，その先端付近には溶け出した水が滞水している。このような氷河の上にできた湖はプログラーシャル湖（proglacial lake）と呼ばれる。氷河が溶けると，溶けた水がさらに溜まりプログラーシャル湖は水を堰き止めている氷の堤（氷冠：ice cap）が耐えられるまで拡張していくことになる。その壮大な例は，最終氷河期に北米ローレシアン氷床（Lake Laurentian Ice Sheet）に出現した2つのプログラーシャル湖，アガシー湖（Lake Agassiz）とオジブワ湖（Lake Ojibway）である。およそ1万3000年前，アガシー湖の面積は44万 km^2 であったと推定され，これは現在の五大湖をすべて足し合わせた面積より大きい。およそ8200年前，現在のハドソン湾北部に面していた堰の役割をしていた氷冠部が崩壊すると，アガシー湖とオジブワ湖の湖水は一挙に海に流出した。その水量は，世界の海水面を0.8mも押し上げるほどだったと推定されている。この湖の崩壊は，海洋の海水循環や気候を突然変化させ，その結果として人間の大陸移動を促したり先史時代のヨーロッパ農耕文化を変化させたりしたと考えられている。

湖の成因としてもっとも過激なのは火山活動であろう。火山の爆発の後に残る火口に水が溜まることで，小さいが，円形で酸性の水に満ちた湖が出現する。世界でもっとも標高が高い湖は，チリとアルゼンチンの国境に位置し，南米で2番目に高く，活火山でもある高峰オホス・デル・サラード（Ojos del Salado）の標高6390mにある火口湖であろう。火山の大爆発により形成されるカルデラ地形では火口湖よりも大きな湖ができる。これが，カルデラ湖である。最大のカルデラ湖は，ニュージーランド北島中央部にあり2万6500年前の火山の超大爆発によってできた面積616km^2，水深186mのタウポ湖（Lake Taupo）である。タウポ湖は，火山により1000km^{3}に及ぶ土石が吹き飛ばされてカルデラ地形が形成され，そこに水が溜まって出現した。このカルデラ湖では，その後も火山が爆発し，最近では5000年

前にも爆発があったという。今日でも湖の内部や周辺には地熱があり，地質的な活動が盛んな湖である。

隕石の落下は，科学者だけでなく多くの人に興味を抱かせるが，それによってできたクレーターも湖の成因の一つである。その代表例は，2億1400万年前に直径5kmに及ぶ小惑星が落下してできたと考えられているカナダ・ケベック州中部にある円形（面積1942km^2・水深350m）のマニクアガン湖（Lake Manicouagan）であろう。カナダ・ケベック州の北方，亜北極地域にあるピンガラク湖（Pingualuk Lake）は見事なほど円形な直径3kmの湖である（図4）。現地のイヌイットは，湖水がクリスタルのように清澄であることから，この湖は心を癒やす力をもつと信じ，クリスタルの目と呼んでいる。この湖は，およそ140万年前に隕石の落下によりできたクレータの跡であ

図4　北ケベックにあり，クリスタルの目と呼ばれるピンガラク湖

り，水深は400mと深く（ただし，現在は267mであるという）結氷
しない。氷河期でも湖水は結氷することなく，氷河の下で水を湛える
氷底湖（subglacial lake）であったと考えられている。氷底湖は，
ヴォストーク湖（Lake Vostok），ウィランス湖（Lake Whillans），エ
ルスワース湖（Lake Ellsworth）など，現在でも南極大陸の氷の下に
存在している。上記のピンガラク湖では，湖底の堆積物コアが採集さ
れ，氷河期―間氷期のサイクルなど古気候を復元する試料に用いられ
た。

陸水学者は小さい湖や池について，当初あまり注意をはらわなかっ
た。しかし，世界のいたるところにあり，すべて合わせればかなり大
きな面積になる，などの理由からしだいに注目するようになった。実
際，それらの小さい湖や池は，温暖化ガスや栄養塩の循環などが盛ん
に行われており，しかも多様な植物や水鳥をはじめとするさまざまな
動物の主要な生息場所であることが明らかにされている。寒帯域で，
土壌の凍結と溶解が繰り返し起こることでできるサーモカースト地形
に出現する池や湖（thermokarst lake）は，その典型的な例である。
北極から寒帯の永久凍土域には，無数の池や湖があり，それらの面積
を全部合わせると25万km^2にも及ぶという（これは日本本州島の約
面積23万km^2よりも大きい）。この永久凍土帯にある湖や池は，地
球温暖化により徐々に変化しつつある。実際，永久凍土帯のなかに
は，水の蒸発や流入水不足あるいは過剰に流出することで湖が消えて
しまう地域がある一方で，湖の表面積が増えたり，新たな湖が多数出
現したりする地域もある。実は，このような湖は微生物による活動が
盛んで，永久凍土から溶け出した過去の有機物を分解して温暖化ガスで
もある二酸化炭素やメタンを生成し，大気に放出するホットスポット
なのである。

湖盆の形態

山の標高を示す等高線マップのように，湖の形を3次元で可視化する等深線マップの作成は，湖の研究にあたって最初に行うべき作業である。現在では，湖の等深線マップはデジタル情報として得られるようになってきたが，世界ではまだまだマップのない湖はたくさんある。しかし，一度等深線マップが得られれば，重要な情報をいくつも得ることができる。その一つは，深さごとの面積で，近年では地理情報システム（GIS）などのコンピューター・アプリケーションで容易に計算できる。この面積を深さに対してプロットしたものは，ヒプソグラフ曲線（hypsographic curve）と呼ばれ，湖についての有用な統計量をいくつも提供してくれる。

その一例としてバイカル湖のヒプソグラフ曲線を等深線マップとともに図5に示した。この図を見れば，500mより深いエリアがどれくらいあるかという質問にも容易に答えることができる。そんな深い湖は稀なので，この問いかけに対する答えは世界中のほとんどの湖では「なし」だろう。バイカル湖の等深線図によれば，3つの凹み，すなわち湖盆があることがわかる。バイカル湖は複雑な形であるが，それをヒプソグラフ曲線に落とし込めば，バイカル湖の68%は水深500mより深いことがわかる。同様に，バイカル湖の50%は水深790mよりも深い。ヒプソグラフ曲線から深さごとの面積を積算すれば湖の貯水量を計算することができる。バイカル湖の場合，それは2万3000km^{3}であり，イギリス・グレートブリテン島の周囲を高さ176mの壁で覆って湛えた水量に匹敵する。この貯水量を面積で割ったものが平均水深で，バイカル湖では744mとなる。一般に，大きく深い湖ほど水の透明度は高く水質もよい。しかし，そうした湖ではちょっとした人間活動でも，水質に大きな影響を与える。バイカル湖は，まさにその一例である。

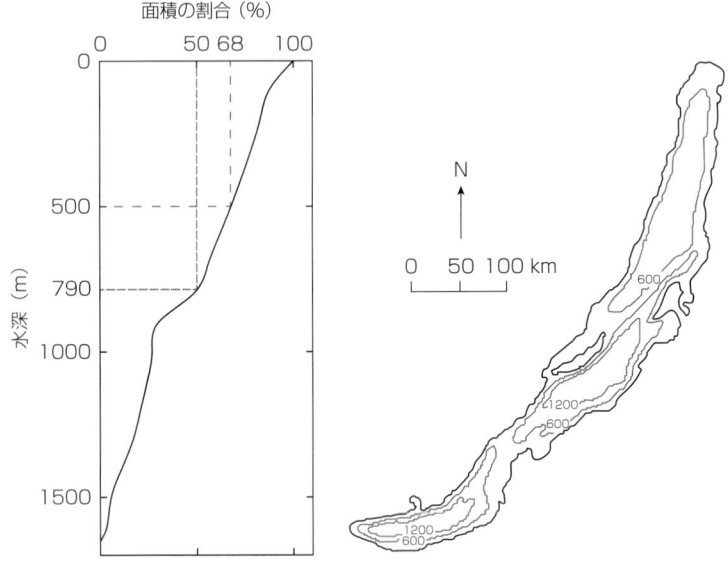

図 5 バイカル湖のプソグラフ曲線と等深線マップ

変動する水位

湖は，いわば景観のなかで水が溜まる場所であり，上流から流れた水
を留め，溢れた水を下流に流している（図 6）。とすれば，その場に
水は平均してどれくらい留まっているのだろうか？　その時間は水の
滞留時間と呼ばれ，湖の貯水量を単位時間あたり流出量で割った値と
して求めることができる。この値は，水の交換時間（flushing time）
とも呼ばれ，その逆数が水の交換速度（flushing rate）である。これ
らの値から，たとえば栄養塩や有害物質がどれくらいの速度で湖から
出ていくか推定することができる。人間活動に対して免疫があるよう
な湖は存在しないが，一般に，水の交換時間が短い湖ほど人間活動の
影響に対して回復力は高いといえるだろう。

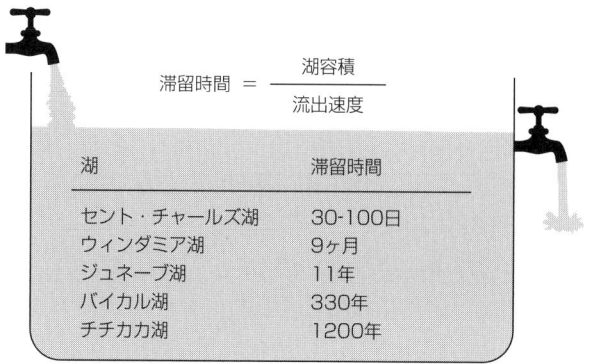

滞留時間 = $\dfrac{湖容積}{流出速度}$

湖	滞留時間
セント・チャールズ湖	30-100日
ウィンダミア湖	9ヶ月
ジュネーブ湖	11年
バイカル湖	330年
チチカカ湖	1200年

図6 湖水滞留時間の湖間での違い

個々の湖は，集水域面積や貯水量，さらには降雨量など特有の組み合わせを有しており，それらが合わさることで水の交換時間が決まる（図6）。カナダ・ケベック州にある（筆者の住む町に水を供給している）セント・チャールズ湖（Lake St-Charles）では，湖面積3.6km²に対して集水域面積は169km²もあるため，水の交換時間はわずか数ヶ月である。一方，それと対極なのがチチカカ湖で，湖の貯水量のわりには流出量が少なく，水の交換時間を計算するとなんと1200年にもなる。

もし，水の交換時間あるいは滞留時間を正確に見積もろうとするなら，次のような問いかけをしてみるとよいだろう。湖の水をポンプで排水してカラの状態にし，その状態から再び水が満水となるまで，どれくらいかかるか？ ほとんどの湖では，その答えは貯水量と流出量から見積もった滞留時間に等しい。しかし，流出量に対して湖水の蒸発散量が相対的に大きい湖ではその限りではない。たとえば，チチカカ湖の場合，水の流入量と貯水量から水の交換時間を求めると80年程度となり，上述の流出量から求めた1200年とは大きく異なる。これは，流出量に比べて，蒸発散量のほうがはるかに多いからである。

流入量と水の蒸発散量が同じであれば，流出量はゼロである。そのような湖では，流入水に含まれていたミネラルや塩分が濃縮されていくため，湖の塩分濃度は上昇し，塩水湖となる。

図6に示すように，流入量と流出量がつりあっていれば，水位は変化しないことになる。しかし，つねにそうなるとは限らないため，湖岸や湖の下流に住む人たちは水位の変化に無関心ではいられない。大雨が続いたりすれば水位が上昇し，避難せねばならないからである。チリ南部にあるリニウェ湖では，1960年に大きな地震があり，湖の流出河川が土砂崩れにより塞がれたため，水位が20mも上昇した。この土砂崩れによる堰止めが一挙に崩壊すれば，下流は大災害になる。そのため，リニウェ湖下流にある都市バルデビア（Valdivia）とその近郊に住む10万人が避難を余儀なくされた。幸いなことに，数週間かかったが，堰き止められた湖水は人為的コントロールにより徐々に排水され，2次災害が起こることはなかった。

湖の水位変動は，河川の季節的なサイクルによっても生じる。そのもっとも顕著な例は，アマゾン川（Amazon River）で定期的に起こるヴァルゼア（varzéa）と呼ばれる洪水である。多くの魚類が，この洪水に依存しており，洪水により森の奥深くに運ばれることで，そこにいる昆虫や蜘蛛，木の実や種子など，多くの餌に恵まれるのである。その一例はアマゾン熱帯雨林の中心部ともいえるソリモエンス川（Rio Solimões）とネグロ川（Rio Negro）の合流地点にあるブラジルの街，マナウスの60km上流にあるカラド湖（Lago Calado）である。この湖は，定期的に10mも水深が変化し面積も4倍変化する。このヴァルゼアが起る湖では，スズメノヒ（*Paspalum repens*）やヒエ（*Echinochloa polystachya*）などの草本からなる浮島があり，洪水に伴って季節的に上昇したり下降したりするが，つねに植物が繁殖することで，昆虫や鳥，ヘビなどの良い生息場所になっている。

地球レベルでの気候変化も，湖への流入量や湖水の蒸発散量を変化させるので，水位変化を生じさせる大きな要因となる。その顕著な例は，サハラ砂漠の南東端に位置するチャド湖（Lake Chad）であろう。この湖は，最大水深 11m で平均水深も 1.5m と浅いため，季節的あるいは長期的な降雨量の変化に影響を受けやすかった。この湖は，過去 50 年間の間に著しく湖面積が縮小したのである（図 7）。これは，降雨量が減少し乾燥化が進んだことに加え，不用意なダムによる堰止めや農業振興などによる灌漑用水としての取水量の増加によるものである。このような状況では，水を湛えておきたい漁民と取水したい農民との間に，水を巡って争いが起こるのも当然である。しかし，過去の地質的な記録によれば，チャド湖はかつて表面積が 100 万 km²（日本の 3 倍に及ぶ面積）のときもあれば，ほとんど消失していた時期もあったようだ。とはいえ，今日では，300 万人以上もの近隣住民がこのチャド湖に依存して生活しており，その消失は大きな社会問題である。

湖の水位低下は，しばしば思いがけないことをもたらす。イスラエルにある大きな淡水湖であるキンレット湖（Lake Kinneret：面積 167km²，最大水深 43m）は，別名ガリラヤ海（Sea of Galilee）と呼ばれ，新約聖書に出てくる場所である。1980 年代後半に降雨が減り，水位が 9m も低下することがあったが，その際に石器時代，終盤の

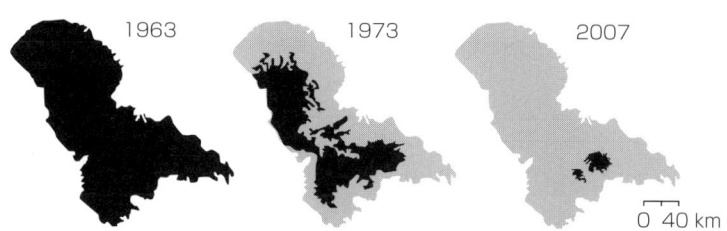

図 7　乾燥化に伴う中央アフリカ チャド湖の縮小の様子

23

2300年前と推定される住居跡が出現した。この遺跡は，現在では
Ohalo IIと呼ばれており，世界最古の住居跡である。この発見は，太
古の昔から，人々が湖に依存して生活してきたことを示している。

過去を記録する湖の堆積物

上述したチャド湖の例は，大きな環境変化に湖が影響されることを示
す例ではあるが，湖には微妙な気候変化や人間活動の変化も記録され
ており，それらを紐解く科学も発展してきた。湖には集水域や周辺の
陸域から風などにより鉱物粒子や有機物が運ばれてくる。これら微細
な粒子は，湖内で水草や植物プランクトンにより生産された有機物と
ともに，湖底へと沈降する。このように，"沈降の雨"には季節性が
あるため，湖底には年輪のような沈降物の層が形成される。湖に形成
される堆積物の層は，いわば湖や集水域で生じた変化の記録台帳のよ
うなもので，湖の生態系が過去に生じた環境変化にいかに応答してき
たかを紐解く情報を提供している。このような過去の出来事を湖底堆
積物から紐解く科学は，古陸水学（Paleolimnology）（海洋なら古海
洋学：Paleoceanography）と呼ばれ，水圏科学の一翼を担っている。
この興味深い古陸水学の発展により，湖の成因や集水域で生じた植生
変化，湖の生物群集の変化や人間による有害物質の生産と暴露の履
歴，さらには地球全体の環境変化など，実に貴重で有益な科学的知見
が得られるようになった。

古陸水学の研究は，湖底堆積物を柱状に採取するコア採集から始ま
る。この採集のためにさまざまな採泥器や採集方法が考案され，過去
数百年程度の解析を対象に比較的浅い堆積物を採集する簡易な柱状採
泥器もあれば，数千年以上に及ぶ過去の履歴を解析できる深い堆積物
を採集する大掛かりなボーリング掘削による採集方法もある。たとえ
ば，358万年前に隕石の衝突によりできたシベリアのクレーター湖で

あるエルギギトギン湖（Lake El'gygytgyn）では，深さ 400m に及ぶ柱状堆積物が採集され，その解析により鮮新世から更新性に至る 3 億 6000 万年の北極域での気候変化の様相が明らかにされた。また，およそ 400 万年前に形成された琵琶湖では，深さ 1400m に及ぶ柱状堆積物の採集が行われ[*4]，上部 250m の堆積物から過去 43 万年から現在に至る湖環境の変化が解析された。

古陸水学の解析に必要な柱状堆積物試料は，さまざまな物質が集積しやすく湖盆全体の履歴を反映していると考えられる湖の最深部で採集されることが多い。実際，湖最深部には堆積物が厚く集積しやすく，底生動物による底質の撹乱などの影響も小さいことが期待できる。採集された柱状堆積物は，採集容器から取り出され，適切な厚さで層順に切り出される。比較的浅い層，すなわち 150 年前以後に沈降した堆積物は，セシウム 137（^{137}Cs：半減期 30.1 年）や鉛 210（^{210}Pb：半減期 22 年）などの放射性同位体で，堆積年代を測定することができる。より深い古い層の年代については，半減期の長い炭素 14（^{14}C：半減期 5730 年）で堆積年代を推定する。これら放射同位体で柱状堆積試料のいくつかの層を測定して年代決定しておけば，その間の層の年代も外挿することで推定できる。

このような湖底堆積物の試料を顕微鏡で観察すると，小さく，不定形で捉えどころのないゴミのような粒塊が多数見られる。しかし，さらに注意深く観察すると，分解途上にある陸域や水圏に生息するさまざまな生物の遺骸が多数あることに気づく。実際，現存するさまざまな

[*4] 1970 年代より，京都大学の堀江正治博士が主導して行ったプロジェクトで，1982 年に深さ 1400m に及ぶ柱状堆積物試料の採取に成功した。これら琵琶湖での柱状堆積物試料採集は，その有用性とともに世界に先駆けて行われた研究プロジェクトであり，現在でも採集試料はさまざまな研究に活用されている。

生物を観察した経験があれば，その遺骸や断片から，その生物が何であるか判別できる場合もある。これら生物断片や遺骸は微化石と呼ばれ，そのなかには花粉も含まれる。花粉は色落ちすることはあるものの，比較的硬い組織に覆われているため堆積物中ではほとんど分解せずに姿を留めている。このため，花粉の形態から，属や種レベルで同定することも可能である。年代推定した湖底堆積物に含まれる花粉を調べれば，当時，どのような樹木が集水域の森林を形成していたかを明らかにすることができる。

このような微化石のなかで，情報量がもっとも多いのは，珪藻の微化石である。珪藻は被殻（frustules）と呼ばれるケイ素でできた分解されにくい殻（細胞壁）をもっているため，堆積物中に長期間保存される。湖には，その湖特有の数十から百種以上の珪藻種が生息しており，それら珪藻類の種構成や各種被殻の形態や大きさは環境指標になる。さまざまな湖で，ごく最近沈降したであろう湖底表層の堆積物を採集し，それに含まれる珪藻類の種組成やサイズ・形態組成と，その湖の水質項目，たとえば pH，全リン量や溶存有機物などとの数量的関係を，変換関数（transfer function）と称される数式で把握する。このような珪藻類の種組成を変数とした数式がさまざまな項目に対して作成できれば，より深い，つまりより古い過去に堆積した堆積物に含まれる珪藻微化石のデータに適用することで，過去の湖の水質や物理的な性状を詳らかにすることが可能となる。他にも，堆積物には植物プランクトンがもつ色素や DNA などの遺伝情報，環境特異的な細菌，さらにはカイミジンコ類（ostracoda）やミジンコ類（cladocera），ユスリカ幼虫の遺骸などが微化石となり，過去の湖の栄養状態や食物網などを推定し再現する有用な情報を提供する。

一例として，第1章でも触れた，米国マサチューセッツ州ボストン郊外にある面積 25ha で最大水深 30m のケトル湖であるウォールデン

池*1 の研究を紹介しよう。この湖はアメリカ文学の読者であれば馴染み深い湖である。というのは、第1章でも紹介したが、1845年7月4日から1847年9月6日までのおよそ2年間、ナチュラリストでもあり、作家、哲学者さらには史学者でもあったヘンリー・デイヴィッド・ソロー（Henry David Thoreau）が滞在し、著述を行った地でもあるからだ。彼はここで過ごした経験を、1854年に「ウォールデン：森の生活」（英文タイトル：Walden）という回想録で出版した。この回想録は自然のなかで瞑想したり思索したりすることで得られた着想や概念を著述したもので、このように書いている。「大地の景観をもっとも美しく豊かにするのは湖である」、「それは深淵な自然の奥深さを推し量る大地の目なのだ」、と。

ソローは、回想録のなかで、たとえば湖の底は冷たく、その上に温かな水が横たわっていることなど、湖で日々起こるさまざまな現象を記述している。これはフォーレルがジュネーブ湖で観測を始める20年前であり、コーネル大学の陸水学教授であったジェームス G. ニーダム（James G. Needham）*5 が淡水の生態学に関する最初の英語の教科書を出版した半世紀前のことである。ソローは、必ずしも科学全般についての養護者ではなかったが、もしかしたら、北米の最初の陸水学者といえるかもしれない。

さて、過去の再現、古陸水学に戻ろう。図8は、ウォールデン池で採集された深さ28cmの柱状堆積物から得られた年代ごとの花粉量の変化を示したものである。ブナ類と草本類の花粉量の変化から、19世紀中頃に池の周囲に人々が住み始めた結果、コナラやブナからなる森林が伐採され農地が広がったことを、読み取ることができる。ソロー

---

*5 ニーダムは北米の大学で最初に陸水学の研究室を主催した研究者で、助手のロイド（J. T. Lloyd）と共著で1906年に陸水学の教科書「The Life of Inland Waters」を出版している。

は湖と森が密接な関係により存在していることを観察し著述していたが，皮肉なことに，その数年後には湖周辺の森林の80％は伐採され農地になっていたのである。20世紀の初頭になると，草本類の花粉は著しく減少し，代わってブナ類の花粉が増加した。これは，農地が減りブナの森が復活し始めたことを示している。この森林の復活は，農業では経済的な収入が十分得られないため，人々が職を求めて都会へ移動した結果を物語っている。

図8に示した堆積物に残された珪藻遺骸を解析すると，また違った様子が浮かび上がってくる。1900年頃までは珪藻のなかでもヒメマルケイソウ属の種（*Cyclotella stelligera*）が優先していたが，1900年に入ると激減した。これに代わって，栄養塩が豊富な湖で繁殖するホシガタケイソウ属の種（*Asterionella formosa*）が増え，卓越するようになった。これら珪藻の組成から湖水のリン量を推定するために作成された変換関数を用いると，1920年頃から湖水のリン濃度が増え，それが植物プランクトンの増加を促したことが推定された。興味深いことに，ちょうどその頃からウォールデン池周辺は観光開発が行われ，観光客が多数訪れるようになっていた。ソローは，ウォールデン池のほとりで一人生活し自然を讃えたが，その思いを共有しようと毎夏何千もの観光客が訪れるようになったのである。その排水が湖水の栄養塩を増加させ，藻類を繁殖させたのだろう。ソローが讃えたウォールデン池の自然の生態や文化の価値を次世代に残していくためには，この池の自然が劣化しないよう，注意深く管理していく必要がある。

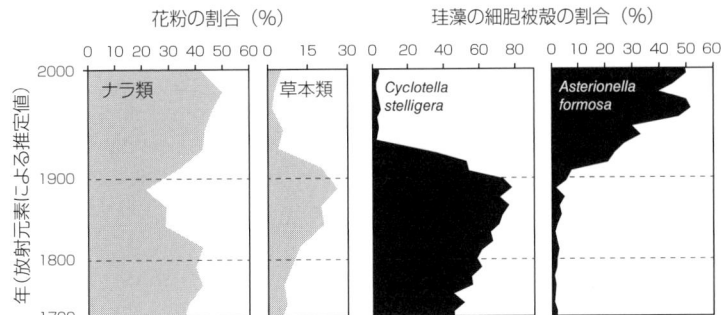

図8 北米 ウォールデン池の堆積物に記録された，過去300年間の池の環境変化

3 太陽光と水の動き

波は生きているかのようである……青い色が混ざり合い，反射し，形や大きさも，そして波が動く方向も，さまざまである。

F. A. Forel

フォーレルは，ジュネーブ湖のモノグラフのなかで，特に物理環境に多くを割いて論述している。光，水温，風，波，湖流そして湖水の混合についてである。フォーレルは彼が住んでいたモルジュ町の近くにある港の細い開口部で，湖水が勢いよく，かつ規則的に流れていることに気づき，湖全体にわたって湖水が何かシーソーのように行ったり来たりしていることを悟った。あるとき，彼は漁師から興味深い話を聞いた。それは，水面下深く下ろした漁網が流されるのだが，それはいつも風と反対の方向であるという話である。この聞き込みから，フォーレルは，湖の水はエアレーションでかき混ぜた水槽の水のようなものではなく，異なる水温の層を形成しており，しかもその層の厚みは季節によって変化することに気づいたのである。

フォーレルは，彼の友人で画家のフランソワ・ボジョンが描いた水や雲，空など，さまざまな色に囲まれたジュネーブ湖の絵に触発され，水と太陽光との関係に特に興味をもつようになった。フォーレルは湖岸の湖水が透明な状態から白濁したり，泥水のように濁ったりすることを観察し，湖生態系の健全度を推し量るうえで，水の透明度は単純

だがきわめて有益な指標であると考えた。今日では，淡水科学を研究する者であれば，透明度が湖の物理環境を限定することで，そこに棲む生物や化学，さらには私達に対する生態系サービスにも影響を及ぼすことをよく理解している。

透明か濁った水か

ジュネーブ湖の研究を始めてから間もなく，フォーレルは水の透明度を測る良い手法を知り，早速その方法を用いて観察するとともに，より良い標準的な測定方法を考案した。それは，地中海の青く透き通った水を確認するために，僧侶であり，法王に対する科学の助言者でもあったピエトロ・アンジェロ・セッキー（Pietro Angelo Secchi）が用いた手法である。教皇領海軍の Immacolata Concezione 号の甲板で，セッキーは太陽の光と海との相互作用を理解するための研究を行っていた。そこで用いられたのは，たんに白い円盤を沈め，その円盤が見えなくなる深さを記録する実に上品な方法であった。

フォーレルはセッキーが用いたアイデアを取り込み，だれでも同じ結果が得られるよう標準的な測定手法を考案した。それは，今日ではセッキー板と呼ばれる直径20cmの白い円盤を用いる方法である。まず，その円盤を水面からゆっくり沈めて見えなくなる水深を記録する。ついで，深いところからゆっくり白い円盤を引き上げ，円盤が見えた水深を記録する。その平均値をセッキー深度として記録し透明度としたのである。セッキーはさまざまな色と大きさの円盤，たとえば直径2.37mもの大きな円盤も使ったが，フォーレルはいろいろ試した結果，直径20cmの円盤で十分であると結論した。それは，調査に携行しやすいばかりでなく，35cmの円盤などを使っても，測定値にほとんど差がなかったからである。また，フォーレルは白く塗った銅製の円盤や白く染めた陶器の皿などでも比較した。その結果，前者は

壊れにくいがすぐに色が剥げてしまう一方で，後者は壊れやすいが色落ちしない，といったことを記録している。今日では，直径20cmもしくは直径30cmのセッキー板が湖での観測として用いられている。たんに白色なだけでなく，円を4分割し白と黒が交互になるよう塗り分けたセッキー板も用いられる。このように色分けすると，セッキー板の視認性がよくなるためである。

セッキー板で測る透明度は，植物プランクトンが多く繁殖する汚れた湖では数十センチであるが，澄んだ水を湛える湖では数十メートルになる。これまでに記録されているセッキー透明度の最高値は，南極ウエーデル海で直径20cmのセッキー板を用いて測定された79mである。この値は，純水の理論的な透視度にほぼ匹敵する。湖での最高値は，北米オレゴンのクレーター湖で直径1mのセッキー板を用いて測定された44mである[6]。

湖沼や海洋の研究では，水中への光の透過量の正確な測定は照度計（radiometer）や光量子計（photon quantum meter）を用いて行われる。そのような計測器で光の透過量を測ると，水深に伴う光量の減少は，直線的ではなく，指数関数的であることがわかる（図9）。これは，光子が懸濁物質により吸収されたり，光路外に偏向（すなわち屈折）されたりするためである。たとえば，ある湖で水深1mあたり光子の量の50%が吸収や屈折により減衰すると，1mごとに光子の密度は1/2ずつ減ることになるので，湖水に投入する太陽光は最初の1mで50%，次の1m，すなわち2m深では25%，3m深では12.5%と減

＊6　日本においては，1931年に摩周湖においてセッキー板（測定時の直径が20cmか30cmは不明）による透明度41.6mが測定され，当時の湖沼透明度としては世界1位の記録となった。しかし，残念なことに，近年では20m程度まで透明度は低下しているという。訳者は，2005年7月に八甲田山系にある赤沼で28mのセッキー透明度を測定したことがある。これはこの沼のほぼ最大水深に等しい。

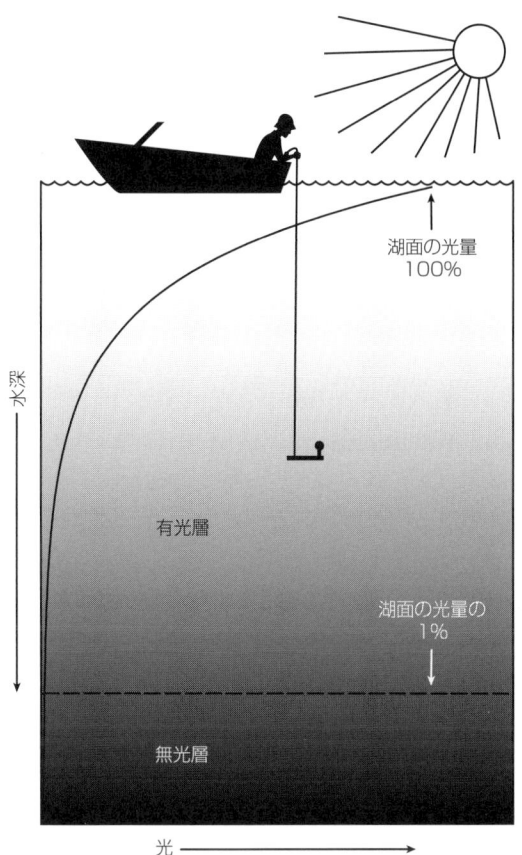

図9　光量計で測定した，湖の水深と太陽光の透過量の割合

衰することになる。このため，水深の深い湖では，植物プランクトン
が光合成を行える深度は水柱[*7]の上層に限られることになる。

＊7　湖水の鉛直的な物理量や生物の分布を説明する際に，水面から湖底まで
　　湖水を円柱状に切り取ったイメージとして，陸水学者はしばしば水柱
　　（water column）という言葉を使う。

植物プランクトンによる純一次生産が行える深度を補償深度（compensation depth）という。これは，植物プランクトン細胞での光合成（photosynthesis）による炭素固定量と呼吸（respiration）による炭素放出量が釣り合う深度であり，有機物の生産が正味ゼロになる水深でもある。この深度は，太陽光の1％が届く水深にほど近く，それより浅い水深では有機物，すなわち生物量（biomass）の生産が行われる。よって太陽光の1％が届く水深以浅を有光層（photic zone）と呼ぶ。一方，これより深い水深は，厳密には光がないわけではないが，光合成による有機物の生産は行われないため，無光層（aphotic zone）と呼ぶ。無光層では，有光層から沈降してきた有機物が消費・分解される。この結果，呼吸が卓越する。

セッキー透明度は，有光層がどこまで深いかを知る手がかりを与えてくれる。一般に，太陽光の1％が届く水深は，セッキー透明度の2倍程度である。しかし，厳密に2倍ではない。というのは，光量子束が水中を透過しセッキー板に跳ね返って水面にいる私達の目に届く過程は2つの要素に影響されるからである。先に述べたように，吸収（これを要素aとする）と散乱による屈折（要素bとする）である。これら要素が合わさることにより，水中を透過する光が減衰する（これを要素cとしよう）。cに対するaとbの相対的な影響度がセッキー透明度に影響し，それは水中に懸濁する物質や溶存する物質の性質や特徴に依存している。水に関する光科学の専門家はセッキー透明度は「見かけの情報」であるという。なぜなら，その値は測定時の光環境に影響されるからである。たとえば，午後の遅い時刻には太陽は低い位置にあるのでセッキー透明度の測定値は小さくなるし，実際，夜間では，仮に月がでていたとしても，水中のセッキー板はほとんど見えないだろう。一方，上述のa，b，cは湖水そのものの特性を反映した要素であり，測定時の太陽光の位置に影響されないため，内在特性と呼ばれる。

一般に，湖水中に植物プランクトンが豊富なほど，光はより吸収され散乱する。したがって，セッキー透明度は，第7章でくわしく述べる湖の富栄養化の指標となる。しかし，アマゾンの熱帯雨林や北極をぐるりと取り囲んでいる亜寒帯北方樹林のような深い森林に囲まれた湖の水は，森林土壌の腐植質に由来する物質が多く含まれるため，紅茶のような色を呈している。この腐植物質を含む茶色の水は，光をよく吸収するため，植物プランクトンが少なくてもセッキー透明度は低い。一方，湖水中に鉱物粒子を多く含む湖では，要素 b の値が大きく，セッキー板により反射された光量子は私達の目に届く光路から外れてしまう。しかし，このように乱反射された光量子も植物プランクトンは利用できる。このため，セッキー透明度の推定よりも深い深度で植物プランクトンは光合成をすることができる。鉱物粒子の多い湖では，有光層はセッキー透明度の2倍よりも深く，3倍に達することもある。

セッキー透明度は，このように物理的な測定値としては曖昧さはあるものの，湖の研究や一般市民との共有という点では大変価値がある。たとえば，カルフォルニア大学デイビス校の陸水学の教授であり，筆者の学位指導教員でもあったチャールズ・R・ゴールドマン（Charles R. Goldman）は，リゾート地として有名なタホ湖（Lake Tahoe）で1960年代から定期観測を始め，栄養塩濃度や酸素濃度，プランクトンの種組成や生物量，光合成速度やセッキー透明度など，さまざまな物理・化学・生物情報，すなわち陸水項目を測定した。このなかで，タホ湖の環境変化について政策決定者にもっとも強く訴えた項目はセッキー透明度であったという。このセッキー透明度の低下が契機となって，湖畔の下水道が整備され，青く澄んだ水で有名なタホ湖の環境が保全されるようになった。このセッキー透明度は湖の研究ではつねに測定されており，安価・単純で特別な測定機器も不要であるため，市民活動や環境教育の場でも測定されている。北米湖沼管理協会

3 太陽光と水の動き

（The North American Lake Management Society）では，毎年，「セッキー透明度を測ろう！」という催しを開催し，アメリカやカナダのさまざまな湖で，湖畔に住む人をはじめとする地域住人がセッキー透明度を測定している。

水の色

フォーレルは，「湖によって，また同じ湖でも場所によって，どうして湖水の色が違うのか」ということに，特に興味をもっていた。彼は，液体のカラースケールを作成し，水色を識別した（今日では水の色を識別するスマートフォンのアプリもあるようだ）。さらにそのカラースケールを用い，さまざまな実験を通じて，どうして湖水の色が変わるのか解明を試みた。フォーレルはおそらく予想もしていなかったと思うが，今日では，水色の識別は多様な用途に使われており，水質の変化を確認するだけでなく，湖，川，汽水，海の水の特性を調べることにも役立っている。水色の識別に触発され，水の光学的特性を調べるさまざまな機器や手法，たとえば水中で紫外域を含む光の波長スペクトルを測定する機器，水中に係留して季節を通して自動的に光量を測定する機器，さらには宇宙から衛星により湖水の色を観測する手法なども開発された。

湖によって水の色，すなわち色相や明度が異なってるのは，水中に溶存している物質や懸濁している物質が異なるためである。溶存物質や懸濁物質が極端に少ない清澄な湖の色は深い藍色であるが，これは水分子が緑や，特に赤の波長の光をよく吸収するためである。一方，水は青い波長の光を乱反射させ，多くは下方に屈折するが，一部は私達の目がある水面に向かって反射する。このため，たとえば南極にあるバンダ湖（Lake Vanda）やアメリカ・オレゴン州のクレター湖の水は，湖水に手をつけたら青く染まってしまいそうなほど，濃いインク

36

のような色をしている。

植物プランクトンは水の色を緑や茶褐色にする。これは植物プランクトンがもっているクロロフィル色素や補助色素が青と赤の波長の光をよく吸収するからである。しかし，例外もある。かつて藍藻類と呼ばれていたシアノバクテリア（cyanobacteria）という有害種を含む植物プランクトンの仲間は，クロロフィルだけでなく，青色のフィコシアニン（phycocyanin）という色素をもっている。このため，シアノバクテリアが繁殖すると湖水は青緑色（シアン）になる。イギリスの農村には，しばしば信号池と呼ばれる池があり，1日のうちに水の色が緑から赤に変化する。これは，ミドリムシの仲間（Euglenophyta）の仕業である。ミドリムシは，光合成を行う葉緑体をもつ植物プランクトンであるが，細胞内には赤い色素粒をもっている。薄暗い夜明けや夕暮れ時は，この赤い色素粒は細胞の奥に隠れており，明るい緑の葉緑体が細胞表面に分布している。しかし，太陽の日差しが強くなると，紫外線から細胞を守るように，赤い色素粒が細胞表面に集まってくる。このようなミドリムシが繁殖している池では，太陽が照りだすと池の水が突然赤褐色になるので驚かされる。赤褐色の水は，他の植物プランクトン，たとえばプランクトスリックス（*Planktothrix*）という赤いフィコエリスリン（phycoerythrin）という色素をもつシアノバクテリア，淡水赤潮となるウログレナ属（*Uroglena*）[8]，庭においた鳥の水飲み場でしばしば繁殖する真っ赤な色をしたヘマトコックス属（*Haematococcus*）によっても生じる。

＊8　ウログレナは琵琶湖でも淡水赤潮として繁殖することがある。この藻類種は細胞に鞭毛をもち，やや不規則な円形あるいは楕円の群体を形成する。琵琶湖で行われた研究で，この藻類は光合成を行うだけでなく，細菌を食べることでリンなど不可欠な栄養塩を摂取することが明らかにされている。

フォーレルは，あるとき，黄ばんだように着色した河川水が湖に流入するのを湖畔で目撃した。それは，集水域から流入した溶存有機物で，腐植酸と呼ばれる高分子の複合体，すなわち落葉が土壌で分解され，それから溶け出した紅茶のような色をした物質である。この物質は，ゲルブスタッフ（gelbstoff）と称されることもあったが，その名称はドイツの翻訳家が黄色い物質（yellow stuff）を英語に翻訳するときに誤って使った表現である。フォーレルは1895年に「この物質は湖水中でどのような性質を有しているのだろうか」と言い残して亡くなったという。その後，この疑問に答える研究はほとんど行われることはなかった。しかし，100年後の現在，やっとこの有機物をめぐる研究が湖や海洋で盛んに行われるようになった。今日では，この黄金色の物質は，有色溶存有機物（coloured dissolved organic matter：CDOM）と呼ばれている。その定義は，やや曖昧なものであるが，その曖昧さ自体，まだこの化学物質に関する研究が十分に進んでいないことを意味している。

とはいえ，このCDOMの面白い特徴の一つは，青い光を特によく吸収し，さらに同じ太陽光の一部である紫外線（UV）もよく吸収することである。したがって，CDOMは湖や河川に生息する水生生物を紫外線から守るサンスクリーンの役目をしている。また，CDOMの性質は湖水中に溶けている量にも依存している。水中の溶存量が多いと，太陽光のすべての波長を吸収するので，湖水はエスプレッソコーヒーのように黒く染まった色になる。溶存量が減ってくると，青緑色の光を吸収するので，湖水は茶褐色を呈する。さらに溶存量が減ると，青い光だけを吸収するので，赤や黄色い波長を吸収する水の性質と相まって，湖水は緑色として私達の目に届くようになる。フォーレルは腐植酸の多い湿地の水を採集し，透明なジュネーブ湖の水と混ぜ合わせてみた。それを両端がガラスでできた長い筒に入れ，太陽に透かしてみたところ，水はライムグリーンであったという。これこそ，ジュ

ネーブ湖畔でフォーレルが目撃した，湖に流入していた河川水の色
だったのである。

水の不思議

水は私達の生活に欠かせないが，水を汲んだり飲んだりしても，それ
がまぎれもない化学物質の一つであることは意識しない。しかし，水
は特殊な性質をもった化学物質であり，その特殊性は必ずしも十分に
明らかにされているわけではない。水の特殊な性質は，湖の物理・化
学的性質だけでなく，そこに棲むすべての生き物に対しても大きな影
響力をもっている。

水の奇妙な特性の本質は，大きさや複雑性を刻々と変化させながら集
合体を形成する H_2O という水分子そのものにある。水分子は，2つ
の水素原子と1つの酸素原子が互いに電子を共有することで結合して
いる。酸素原子はプロトン（陽子）1つの水素の8倍もの正の電荷を
もつプロトンをもっているため，水分子のなかでは兄という立場であ
り，水素原子からやや遠ざけるように負の電子雲を配置させる。この
結果，酸素原子はやや負の電荷をもつのに対して，2つの水素原子は
それぞれやや正の電荷をもつ。この正負の電荷により，水分子は負の
側の酸素原子と正の側の水素原子が結合する，いわゆる水素結合であ
る（図10）。1つの水分子は，最大4つの水分子と水素結合すること
ができる。現代でも明確にはなっていないが，液体の水分子のほとん
どは，酸素を中心としたピラミッドのような四面体の形で結びついて
おり，結合する水分子は固定されたものではなく，つねに入れ替わっ
ている。

水分子でもう一つ奇妙なことは，温度と密度との関係である。一般
に，密度，すなわち容積あたりの分子の数は固体状態のほうが液体状

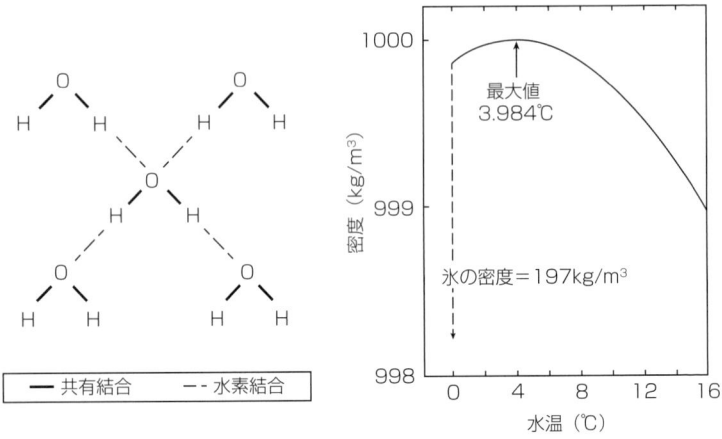

図10 水分子の水素結合と，水の密度と温度との関係

態に比べて多いが，水分子は反対に固体状態のほうが容積あたりの分子の数は少ない。このため，固体状態，すなわち氷は水に浮く。これは，氷のなかの水分子が，他の4つの水分子と最大の距離をとるように位置することで結晶化するためである。氷が溶けると，水分子は水素結合が弱まり分子間の距離を縮めるようになるため，密度は増加する。このような分子間距離の縮小は0℃から4℃（大気を考慮すると厳密には3.984℃）にかけて生じる。それ以上の温度になると，水分子の運動エネルギーが増大するため，分子間距離は増大し，水の密度は低下するようになる（ただし，氷状態の分子間距離を上回ることはない）。

なぜ，このような水の密度と温度の関係は重要なのだろうか？　カナダなど亜寒帯や寒帯に住む人は，氷が水に浮くからこそ，冬季にはスキーやスノーシューあるいはスノーモービルなどであちこち行くことができる。また，世界のどこであろうと，特に重要なことは，温かい水は冷たい水に比べて軽いことであり，その結果として，夏の湖では

表層は温かく底層の湖水は冷たいことである。この温かい表層の水の層を表水層（epilimnion），底層の冷たい水の層を深水層（hypolimnion）というが，その間には水温躍層（thermocline）という急激に水温が変わる層，すなわち変水層（metalimnion）が形成される。この水温躍層で隔てられた上下の水は，たんに水温が異なるだけでなく，生息する生物相や化学過程も異なったものにする。

湖の季節性と鉛直混合

冬は氷に覆われ，夏は冷たい水の上に温かい水の層が形成されるといったように，湖水は鉛直的に水温が異なる層をなしている。これは成層と呼ばれ，それ自体が季節によって変化する。どの季節でも，これらの層はそれぞれ異なった物理的あるいは化学的な特性を有している。たとえば，カナダ・ケベック州の水源地でもあるセント・チャールズ湖では，夏の終わり頃には水深7～10mに水温躍層が形成される（図11）。この層では，少し水深が深くなるだけで水温は急激に変化するが，それに伴って溶存酸素濃度も急激に減少する。表水層には，大気からいつでも酸素が溶け込むので溶存酸素濃度は高いが，深水層では水温躍層が蓋のように働くため，それより深い水深の水には酸素が供給されない。その結果，この湖では，夏の後半から秋にかけて深水層の溶存酸素濃度が低くなり，生存に十分な酸素がないと生きていけないマス類などは深水層を避けるようになる。

秋になり，気温が下がりはじめると表水層の水も冷やされ，湖の表面と底での温度差は小さくなっていく。そしてさらに気温が下がると，ついには上下の水の層を隔てていた躍層が消滅し，表水層と深水層の水が混ざり合うようになる。ここで重要なことは，水が冷やされ，水温が低下すると密度が重くなり，底に沈むようになることである。この結果，表層の冷やされた水が底に沈む一方で，風による撹拌などの

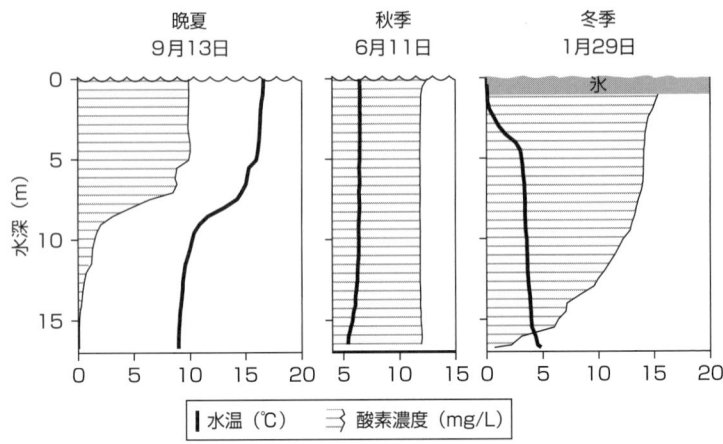

図11 カナダ・ケベック市のダム湖セント・チャールズ湖における水深に伴う水温と溶存酸素の鉛直変化とその季節的な変動。水温（℃）は太線で，酸素濃度（mg/L）は斜線のエリアで示している

影響と相まって，底層の水が押し上げられる。このようにして湖水は鉛直的によく撹拌され，いわゆる湖の深呼吸が起こる。深水層にあった水と表水層にあった水が鉛直的によく混合することで，全層にわたって大気から酸素がたっぷり供給されるのである（図11）。酸素や二酸化炭素など，すべての気体は水温が低い水ほど溶け込む量が多い。このため，冬が終わるころには，湖水中の溶存酸素濃度は，全層にわたって，夏季の表水層よりも高くなる。

気候が温暖な地域の温帯湖（temperate lake）では，比較的大きな湖であれば，冬季であっても結氷しない。このような湖は年に1回しか鉛直混合しないので1回循環湖（monomictic lake）と呼ばれる。このような湖では，晩夏から冬にかけて鉛直循環するため，いわゆる循環期が比較的長く，この間に大気から湖水に酸素がたっぷりと溶け込む。世界の多くの湖，たとえばこれまでしばしば登場してきた，琵琶湖，ジュネーブ湖，チチカカ湖，タウポ湖，マジョーレ湖やイギリス

湖沼地帯の湖は，みな1回循環湖である。

湖水に溶け込む酸素の量は，たとえ水温が低いとしても，湖全体での化学・生物過程が必要とする量に比べて，必ずしも潤沢とはいえない。むしろ，水柱での供給と消費のバランスはややもすると危険な状態になる。その傾向は，先に述べたセント・チャールズ湖（図11）のように結氷するような北方の温帯湖で特に顕著である。このような湖では，結氷する前に全層循環し酸素が大気から全層に供給されるが，結氷すると大気からの供給は閉ざされる。結氷し，雪が積もれば，植物プランクトンが光合成するのに必要な太陽光の透過量も減少する。一方，結氷した湖水では，湖底に堆積した有機物の分解消費，すなわち微生物の呼吸による酸素消費が続くので，酸素が完全になくなる無酸素状態（anoxia）になることもある。先に紹介したように，氷は冷たい一方で密度が低いため，結氷直下の水温は0℃に近いが，深層ではそれよりも密度の高い水温4℃付近の水が存在する。その結果，湖水は逆列成層（inverse stratification）と呼ばれる状態になる。

カナダのような北国では，湖が温まり水面の氷が溶け出すことで春の訪れが告げられ，日常からブーツが不用となる。湖の表面水が少しでも水面下に比べて温かくなると，風によって湖底から水面まで湖水が鉛直的に撹拌され，湖面で大気から溶け込んだ酸素が再び湖底に届くようになる。このように，湖底から表面まで湖水が鉛直混合する期間が冬の結氷前と初春の結氷後の2回ある湖は，2回循環湖（dimictic lake）と呼ばれている。ただし，結氷後にはすぐに気温が上がるので，結氷前の循環期に比べて初春の循環期はごく短い。実際，湖面の水温が4℃を超えると，冬に冷やされた水よりも密度が軽くなるので鉛直混合しにくくなり，春になってさらに気温が上昇すると，湖水はますます鉛直混合しにくくなる。このため，結氷後の循環期はきわめて短く，日常では気づかないことさえある。

湖面を賑わす波

湖面に穏やかな風が吹くと，さざ波ができる。その波頭では，風との摩擦により湖水が風上に向かうように持ち上がるが，水の水素結合により，再び湖面に引き戻される。これは表面張力波（capillary waves）と呼ばれ，その復元力は水の分子間相互作用，いわゆる表面張力によるものである。その最大波長は 1.73cm で存在期間も 1 秒以下である。風が強くなるほど，波は深くえぐられ，復元力は重力に依存するようになる。風力が時速 25 〜 30km（秒速 7 〜 8m）になると，特に湖岸域のように水深が浅いところでは，波頭の速度は波の根本よりも早くなるため，水体が壊され白波となる。この砕けた白波によって水が撹拌されるだけでなく，大気と水との境界面積が増えるため大気から湖水に酸素がよく溶け込むことになる。このような風と重力による波，すなわち重力波（gravity waves）は，北米の五大湖では，波高（波の谷から波頭までの高さ）が最大 8m になったという記録がある。しかし，一般的な湖では，吹送距離，すなわち岸から風が行き渡る距離は，海に比べればはるかに短いので，大きな波ができたとしてもせいぜい 50cm 程度であろう。

一見すると，大きな風でできる大きな波は湖の水をよく撹拌するように見える。しかし，波は水面下で渦を作るものの，その渦の大きさは水深が深くなるとともに指数関数的に小さくなる。その結果，大きな波ができたとしても，浅い湖でないかぎり，湖水が湖底まで鉛直的に混ざることはない。しかし，浅い沿岸域（littoral region）では，波によって湖底の堆積物が巻き上がる。このため，粒子の細かい物質は沿岸域では堆積せず，風による湖底の撹拌が及ばない湖の沖で堆積することになる。この底まで撹拌が及ぶ湖底の境界は，底泥堆積境界深度（mud depsotionary boundary depth）といい，嵐などで生ずる波の大きさ（つまり吹送距離）や湖岸の傾斜などに依存する。ただし，

湖水や湖底の撹拌は，このような表面にできる波だけでなく，湖面からでは見ることができない，よりゆっくりした波にも依存している。

水面と水面下で発生する緩やかな波

フォーレルは自叙伝のなかで，もっとも好きな研究の一つは，湖で見られるロッキングチェアのように行ったり来たりするゆっくりとした動きに関するものである，と述べている。この動きは，ジュネーブ湖の畔の住人であればだれでも知っている現象で，古くから現地のスイス訛りのフランス語でセイシェ（seiche）[*9]と呼ばれてきた。このセイシェ（日本語で静振[*9]）は，今日では学術用語となり，世界のいたるところの湖で見られる現象である。静振の特徴は，数分から数時間の間隔で波の周期が変化することであり，その変化は浅い湖岸域で特に顕著である。

フォーレルは，持ち運び可能な水位計を作成し，ジュネーブ湖をはじめとするいろいろな湖に設置して静振について詳しい観察を行った。彼は，当初，静振を数学的に記述できないか悪戦苦闘したが，数学の知識が十分でなかったので諦めざるを得なかった。これに関して，大学での微分・積分学に関する講義があまりにも退屈で到底役に立つとは思えなかったので履修を放棄してしまったことを後悔している，とフォーレルは後に自叙伝のなかで述べている（講義を行う教員にとっては，耳の痛い話である）。

しかし，フォーレルは諦めることなく，ヨーロッパや世界の科学者間のネットワークを通じて，静振を数学的に記述するための手がかりを

[*9]　静振は，言葉の響きだけでなく漢字の意味もよく現象を捉えており，学術単語として名訳である。

求めた。彼は，当時著名な物理学者であり，その業績により，初代の
ケルビン卿の称号を授与されたウイリアム・トムソン（William
Thomson）に行き当たり，この課題を相談した。その結果，トムソ
ンはフォーレルが試行錯誤して考えた式を次のような単純であるが，
実にエレガントな形で示した。

$$P=2L/\sqrt{(gh)}$$

ここで，P は水位が上下するのにかかる周期時間，L は湖の長さ，h
は湖の平均水深で，g は重力加速度（9.8 m s^{-2}）である。この式で明
らかなように，フォーレルは静振が湖全体を横切るように生じる波で
あることを見抜いていたが，それだけでなく湖の下層で第2の波が付
随することにも気づいていた。

さて，この湖全体で生じる波，つまり振動は，何によって生じている
のだろうか？　フォーレルは，この振動が一定の風による吹き寄せ，
つまり風が吹き湖水を一方から他方へ押しやることで始まると考えた
（図12）。この初期状態では，風下の水面が上昇する一方，風上の水
面は下降する。しかし，その状態は安定ではないため，風が吹き止め
ば，揺り戻しが起こり，上昇したところは下降し，下降したところは
上昇する。このシーソーのような動きは，風下で最初に水が上昇した
ときのエネルギーが振動を通じて散逸するまで続き，振り子が行った
り来たりしながらしだいに止まっていくように，やがて収まる。

フォーレルは，この静振の動きが湖の水面下，特に水温躍層付近できわ
めて重要な意味をもつことに気づき興奮した。それは，この水面下
での動きが水中の溶存酸素や栄養塩の供給に大きく関与しているから
である。フォーレルは，水温躍層の深さが短時間で変化することを明
らかにしたが，この時点では，その変化が静振，つまり水位の上昇下
降とどう関係しているかは気にしていなかった。その後，スコットラ

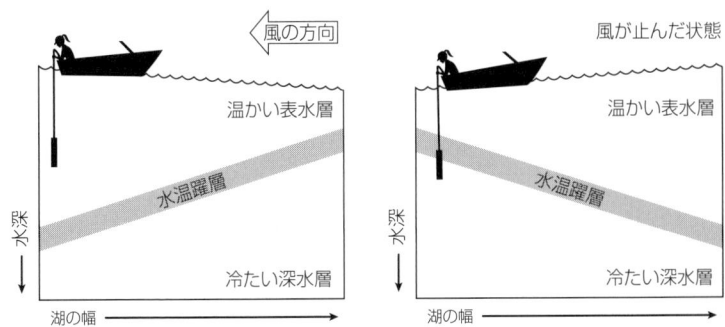

図12 水面の静振は風が湖水を一方方向に押しやることで生じ、その結果として内部静振が水温躍層深度の変化として検出される

ンドの著名な法学者で、科学者でもあったアーネスト・ウッデンバウム（Ernest M. Wdderburn）が湖で行った研究により、湖には内部静振ともいうべき内部波のあることが明らかにされた。静振により風下で水位が上昇すると、水の厚みが増すので、その圧力におされて水温躍層は押し下げられる。風がやめば、この圧力から開放されるので、水温躍層は上昇する。これがシーソーのように続き、静振が収まるとともに、この内部波も収まっていく。

図12は、このような吹き寄せによる水温躍層の動きを示したものである。この図の縦方向の動きはやや誇張したもので、重要な特徴が描ききれていない。というのは、内部波（内部静振）はよりゆっくりしたもので、湖を行き渡るのに、水面の静振に比べてはるかに長い時間を要する。たとえば、ジュネーブ湖では湖の長軸に沿った水面の静振はおよそ47分で行き渡る。しかし、内部波の場合、より小さい付随的な波はあるものの、全体が行き渡るのに3日を要する。また、風が吹きはじめて内部波が生じてから、収まるまでにも長くかかる。このゆっくりした内部波の全貌を調べたい場合、湖のある一定の場所に水温計を何時間も、あるいは数日間係留する必要がある。水中のある水

深に自動記録できる水温計を係留して調べれば，その水深の水温が時間とともに温度が上昇したり下降したりすることがわかる。特に水温躍層内部やその上下の水深では，時間に伴う水温の変動が顕著に観察されるだろう。

内部波は，さまざまな理由で湖沼研究者に注目されてきた。まず第一に，その大きさである。湖面の静振は水と大気の境界面にあり，水と空気では容積あたりの質量，すなわち密度が大きく違うため，吹き寄せにより風下の水位を少し上昇させるだけでも非常に大きな風のエネルギー（位置エネルギー）が必要になる。このため，湖面の静振は小さく，一般に数センチから数十センチ程度である。もちろん例外もあり，五大湖の一つであるエリー湖（Lake Erie）では，嵐のときに5mもの静振があった記録がある。一方，内部波の場合，深水層と表水層の密度差は，大気と水に比べればはるかに小さい。このため，同じ風のエネルギーであっても，水温躍層付近では非常に大きな変動になる。水深の深い湖，たとえばタホ湖では，内部波の初期発生時には風上側で湖底の水が100mも上昇する現象が見られ，これにより湖底付近の栄養に富んだ水が有光層まで持ち上げられ，植物プランクトンを繁殖させるという。

海洋や大きな湖では水の動きは地球の自転の影響を受ける。水温躍層を上下させる内部波も例外ではなく，南半球の湖では左側に，北半球の湖では右側に押しやるように影響する。このコリオリの力（Coriolis effects）は，さほど強いものではないが，大きな湖では2つのプロセスで内部波に影響を及ぼす。その一つは，湖の周囲に沿うように波を補足する効果で，波は南半球では時計回り，北半球では半時計回りの方向で補足される。この内部波はケルビン波と呼ばれ，大気や海洋・湖でこの現象が起こることを発見した，先に紹介したケルビン卿（William Thomson）にちなんで名付けられた。ケルビン卿はフォー

レルが静振に関する理論を手助けした物理学者でもあるが，おそらくフォーレルとの議論のなかでこのケルビン波の着想を得たのだろう。琵琶湖では，台風時の強い風によってこのケルビン波のエネルギーが増大し，湖に沿って周回するうちに，底層の冷たい，しかし栄養塩に富んだ水が湖の表層に持ち上げられることがある。

コリオリの力の2番目の影響は，湖本体ともいえる沖合のプロセスで，フランスの天才的数学者で理論物理学者でもあったヘンリー・ポアンカレ（Henri Poincaré）の名にちなんだ，ポアンカレ波である。この内部波も，ケルビン波同様に，コリオリの力による共振現象である。説明のためにオンタリオ湖（Lake Ontario）の例を見てみたい（図13）。この図は，5日にわたって湖の定点で測定した水温に関するもので，上下25mに及ぶ波のような明瞭な周期性が示されている。ポアンカレ波の周期は，湖岸に発生するケルビン波に比べて短いが，湖面の静振に比べれば長い。たとえば，オンタリオ湖の場合，ケルビン波は10日であるのに対して，ポアンカレ波は16時間であり，湖面の静振は5時間である。

生物学や生物地球化学の研究者にとって，内部波は特に大きな関心事である。というのは，内部波の動きは図11に示した水温が異なる層，つまり成層をかき混ぜるだけでなく，それによって水温や溶存酸素の他，栄養塩など生物にとって重要な栄養物質の濃度を大きく変化させるからである。波が引き起こす湖水の水平方向への動きは，しばし湖底まで達することがある。水体が湖の中を行ったり来たりし，その振動により発生する乱流が湖底で堆積物を巻き上げ，湖底近くの底層を濁らせる。このような層は湖底境界層（benthic boundary layer）と呼ばれている。このような水の動きによる湖底の撹拌は，底質に酸素を溶け込ませることになり，堆積物中での酸化還元状態を変化させることで湖底堆積物とその上にある湖水との間での化学物質，たとえ

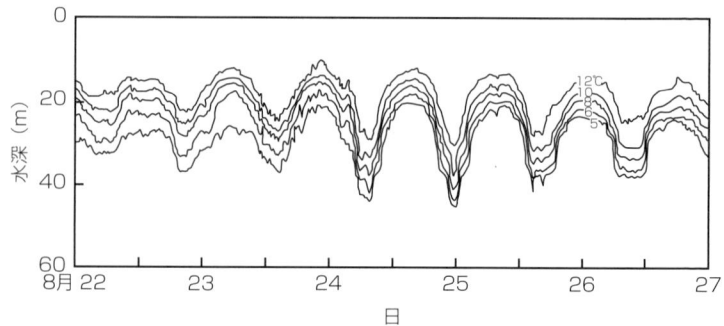

図13　オンタリオ湖の水温躍層で観察されたポアンカレ波

ば窒素やリンなどの移動（つまり，湖底への堆積とその堆積物からの
溶出）に大きな影響を及ぼす。琵琶湖（表面積 $670km^2$，最大推進
103m，平均推進 41m）で詳細な観測を行った熊谷道夫博士によれ
ば，琵琶湖深底部には湖底直上に湖水との混合に抵抗する 1mm 厚の
境界層ができるという。この境界層は湖底への酸素の拡散を妨げるこ
とになるため堆積物中の微生物に大きな影響を与えることになる。し
かし，このような深底部においても，静振に由来する波ができると境
界層の厚みが減り，酸素供給に役立つという。

内部波による水温躍層の上下振動により深い層の水が浅い層に持ち上
げられ，表層で水の混合が起こることは湖沼生態系の基盤を形成する
プランクトンにとって特に重要である。深層から栄養塩が有光層に供
給されるとともに，水平方向で混合することにより湖水の水質が均一
化されるようになるためである。

図 14 は水中の水のうねり，つまり，内部静振が左側から対岸の右側
に進むにつれて上下で水の動きが逆転するさまを，模式的に示してい
る。このような水の動きは，水の摩擦と圧力により短期間生じるもの
で，水温躍層に沿って伝搬して行くうちに振幅が大きくなっていく。

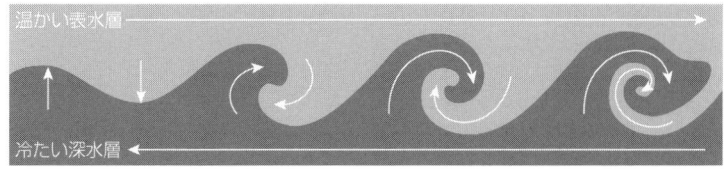

図14 水温躍層上下でのうねり。このうねりは，水を巻き込むように成長し，やがて砕け散る。これにより，普段交じることのない深水層と表水層の水の混合が起こる

このような波は高い頻度で生じ，その周期性は数百秒程度，波長は10〜50mで，振幅の大きさは5cm程度から2mに達することもある。特に重要なのは，湖面で見られる波のように，水を巻き込むような波ができることである。このような水の動きにより，水温躍層は一時的に穴が空いたような状態となり，その間，深水層と表水層との間で熱や溶存酸素，栄養塩などさまざまな物質の上下移動が起こる。この成層境界面で見られる水のうねりの効果は，ケルビン・ヘルムホルツの不安定（Kelvin-Helmholtz instabilities）と呼ばれている。ケルビンはすでに紹介したが，ヘルムホルツはドイツの著名な物理学者Herman von Helmholtz のことである。この効果は，しばしば空でも見られ，温かい空気の層に形成された渦上の雲が冷たい空気に接したときに生じる。湖の場合，このうねりの効果は湖辺縁部で顕著であるが，湖の中ほどでこの現象が生じれば，湖全域で植物プランクトンの成長が促進されることになる。

湖流

湖面や湖内部での静振による水の動きは，湖全体を俯瞰して見たときに見られるさまざまな水の動きのごく一部にすぎない。湖全体を通して見ると，湖には河川から流入し流出にいたる水の流れがあること，したがって，景観スケールでは，湖は川の流れの一部，つまり川が拡

張した部分とフォーレルは捉えた。しかし，このような湖の中にある
川の流れは，風に伴う水の動きでつねに撹拌されている。それだけで
なく，湖では水面に風が吹き渡れば，水面の水は風下へ流れるが，水
面下ではバランスするように風の向きとは反対の流れが生じる。ジュ
ネーブ湖の漁師が，水面下に仕掛けた漁網が風の方向に向かって流さ
れるといっていたのは，この理由による。

大きな湖では，効果そのものは弱いものの，地球の自転が時間をかけ
てゆっくりと湖全体の水の動きに影響を与えている。したがって，湖
の流れは，川のように直線的なものではなく，いくつかの方向に向か
うことになり，すべての方向，たとえば湖中央を中心とした湖岸に
沿った渦のような環流（gyre）さえ生じる。この環流は湖水を湖岸
に沿って短期間に循環させるだけでなく，有害な汚染物質や藻類を湖
の至るところに持ち運ぶことになる。環流は，たとえば琵琶湖ではき
わめて際立った，ある種美的な水の流れを造り出す（図15）。小さい
湖では，コリオリの力とは関係なく，風によって生じた水の流れと湖
岸との相互作用により，個別に環流が生じることもある。

より小さい空間スケールでは，湖を横切る風は水面下でネジのような
渦流を造り出す。これはラングミュア渦流（Langmuir cells）と呼ば
れるもので，著名なアメリカの科学者，アービン・ラングミュア（Ir-
ving Langmuir）がサルガッソー海で発見した流れである。この循環
流は，水面下で水平方向にのびる螺旋状の水の動きであり，複数の螺
旋渦が並行に生じた境界の水面で浮遊物を集積する。サルガッソー海
では，その名前の元となった海藻（Sargassium）がちぎれ，いく筋
もの海藻の帯が水面でできる。これこそ，ラングミア渦流による現象
である。このようなラングミュア渦流は，湖でも観察され，風の方向
に沿って等間隔で白い泡の筋を形成したり，穏やかな日には風の方向
に沿って油分のある物質が縞のような筋を造ることがある。

図15 琵琶湖の調査船「はっけん号」の全域調査で超音波流速計により観察
された複数の還流

湖で見られる流れのなかには，密度流もあることを述べておきたい。
この密度流は，ジュネーブ湖など多くの湖で重要な役割を担ってい
る。これは，水温躍層のように，水の密度と温度との関係で生じる流
れである。川の水が冷たければ，その水の密度は大きく重いので，水
温の低い湖の深層に沿って流れ込む。ジュネーブ湖では，ローヌ川か
らの河川水は，冷たく懸濁物が多いため，湖底に沿ってはるか数キロ
メートル先まで流れ込み，湖底をローヌ渓谷といわれるような形状に
している。さまざまなセンサーが付いた水中観測器機でこの渓谷を調
べると，湖底のある部分では数メートルにわたって堆積物が巻き上げ
られている一方で，他の部分では巻きあげられた粒子がうず高く堆積
していることがわかる。このような粒子が巻き上がる場所と堆積する
場所は，河川から流入する冷たい川の水の量により毎年変化してい
る。ジュネーブ湖の湖底の渓谷は氷河から流入する河川水に削られた
り移動したりしながら，毎年少しずつ変化しているのである。密度流

は湖岸と沖合の湖水の混合を通じて，湖底への酸素供給や一次生産の促進，生物の分散などにも大きな影響を及ぼしている。

4 生命を支える湖

生物のいない湖など存在しない。

F. A. Forel

　フォーレルは湖に多くの微生物が生息していることをよく知っていた
が，それだけでなく，湖の生態系が実に多様で微小な生物によって支
えられていることにも疑いをもたなかった。綺麗な湖でさえ，その
コップ一杯の水には顕微鏡がないと観察できない多くの微小な生物が
生息している。綺麗な湖の湖水 1mL のなかには，裸眼では見えない
が，光合成を行う 1 万の植物プランクトン細胞，100 万の細菌，さら
に 1000 万のウイルスが存在している。淡水の生態学者は，湖水の中
は均一な空間なのに，どうしてそんなにたくさんの種類の植物プラン
クトンが共存できるのか疑問に思い調べてきた。というのは，それら
植物プランクトンが同じ資源を利用して生活しているなら，競争に一
番優位な 1 種だけしか生き残らないはずだからである。これは，著名
な生態学者であるエブリン・ハッチンソン（G. Evelyn Hutchinson）
が「プランクトンのパラドクス」と名付けた問題である。生化学や分
子生物学の発展とともに，多様な種の共存がさらに明らかにされてき
た。私達の体表や消化管にはさまざまな微生物が生息しており，それ
らヒト特有の微生物群集が私達の健康に重要であることは承知の事実
である。それと同じように，湖に棲む微生物群集も湖沼生態系の健康
の要であり，環境変化に伴って変化する。

太陽が支える生態系

地球上のほとんどの生態系は，植物が太陽からの光エネルギーを光合成に利用し，有機物を生産することで成立している。微生物や動物は，現在の光合成で生産されている有機物のみならず，過去の光合成で生産された有機物も使って生活している。古い植物遺体（すなわち過去の光合成で生産された有機物）の利用は，湖では特に重要である。その重要性は湖表層の二酸化炭素濃度を測定することでわかる。湖の水面直下の二酸化炭素濃度は，大気との化学平衡で，大気と同じ濃度になるはずである。しかし，実際に図ってみると水面直下の二酸化炭素濃度は大気に比べて高い。この事実は，湖内部で二酸化炭素が生産されていることを意味している。では，だれが生産しているのだろうか？

この疑問を解くためには，私達は湖を俯瞰的に見る必要がある。湖は，それだけで存在するような閉じた小宇宙ではない。少し離れたところから見れば，周囲にある景観，つまり陸に囲まれて湖は存在していることがわかる。湖内の植物プランクトンは光合成により二酸化炭素から有機物を生産し，その一部は植物プランクトン自身の呼吸により消費される。湖底まで太陽光が届くような浅い湖岸域では，植物プランクトンの他に，水草などの維管束植物や植物ペリファイトンと呼ばれる付着性の藻類が光合成を行い，二酸化炭素から有機物を生産している。これに加えて，湖には集水域，つまり上流からの水が流入する（図16）。流入源には，河川のみならず，地下水や地表流などがあり，いずれの水にも集水域の陸上植物が生産した物質，たとえば落葉や枯死木などを起源とする有機質や土壌中の有機物が含まれている。

このように集水域から流入する有機物は異地性あるいは外来性有機物（allochthonous organic matter）とよばれており，現在だけでなく過

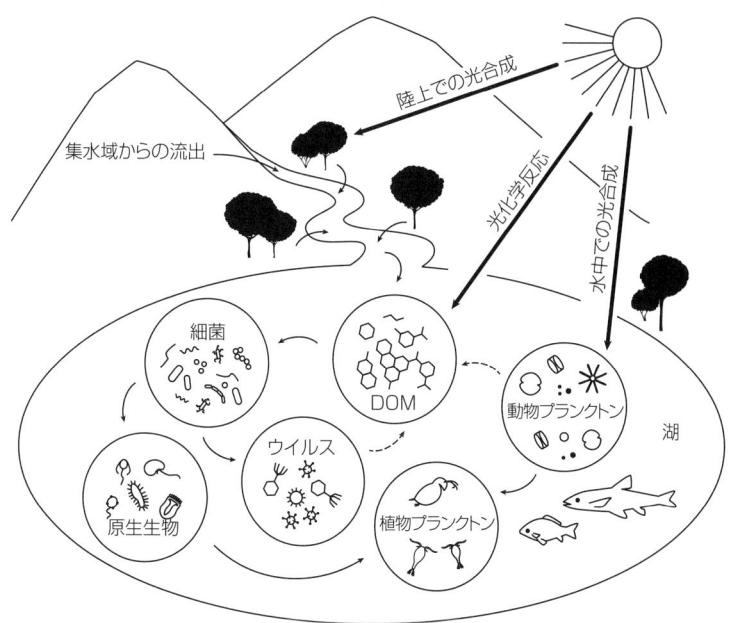

図16 太陽光が支える湖の食物連鎖

去の陸上植物の光合成に由来するため，比較的古い有機物といえるだろう。一方，湖の植物プランクトンや浅い湖岸域に生息する植物によって生産された有機物は自生性あるいは内来性有機物（autochthonous organic matter）と呼ばれ，現在進行形で生産されているので，若い有機物ということができる。植物プランクトンは動物プラクトンに消費されるが，それだけでなく，植物プランクトン細胞自身も不要となった有機物を溶出している。それら植物プランクトン細胞から溶出した有機物は分子量が比較的小さく，細菌の炭素源あるはエネルギー源として容易に利用されている。一方，陸上植物を起源とする異地性有機物は腐植酸やフルボ酸で構成されている。これは，先に述べたように紅茶のような色をした炭素環からなる高分子物質である（図16）。これら高分子物質は，一部の菌類は利用し分解するものの，多

くの細菌にとっては利用しがたく分解しづらい物質である。

これらの陸上起源の溶存有機物（DOC : dissolved organic matter）は，湖内では生物に利用・分解されることなく，最終的にはそのまま湖から流出すると考えられていた。しかし，この紅茶色の溶存有機物は太陽光により部分的に壊されていること，つまり光分解されることが野外調査や実験などによってわかってきた。この光化学反応では二酸化炭素が放出されるが，それだけでなく，高分子の一部は低分子に壊され，その低分子物質は細菌に利用される。この生物過程を通じても細菌の呼吸により二酸化炭素が放出される。このような光化学反応は流入河川でも，また湖に流入後は湖表面でも生じている。土壌中の微生物による活動でも高分子有機物は分解され，河川水や地下水に二酸化炭素が放出される。こうして，異地性有機物は流入河川や湖内での化学反応と細菌による消費を通じて，湖水の二酸化炭素濃度を高める。この結果，湖内部では光合成による二酸化炭素の消費よりも二酸化炭素の供給が高くなり，湖中の二酸化炭素濃度は大気平衡値よりも高くなる。この結果，二酸化炭素は湖から大気へと放出されることになる[10]。一方，植物プランクトンに富んだ"富栄養湖"では，光合成が盛んに行われるため大気から湖水へ溶け込むよりも早い速度で二酸化炭素が消費される。この結果，富栄養湖では，水面直下の二酸化炭素濃度は，大気平衡値よりも低くなる[11]。

---

[10] このような湖は，光合成による二酸化炭素消費よりも，呼吸や分解による二酸化炭素生産のほうが卓越するため，純従属栄養湖（net hetero-trophic lake）と呼ばれている。

[11] 一方，呼吸や分解による二酸化炭素生産よりも光合成による二酸化炭素消費のほうが卓越する湖は純独立栄養湖（net autotrophic lake）と呼ばれている。

酸素濃度の変動

大気中では，酸素は十分にありその濃度は安定しているが，水中では酸素の供給と消費のバランスは非常に不安定である。そのバランスの変化，たとえば酸素消費量のちょっとした増加が湖を容易に酸素欠乏にさせる。酸素濃度が2mg/L以下の状態を，貧酸素（hypoxic）状態と呼び，多くの魚類は生息できないため，そのような水の層から逃げ出す。また，酸素が完全にない状態は無酸素（anoxic）状態と呼び，そのような場所では酸素がなくても生存できる特殊な微生物しか生息できない。熱帯のアマゾンでは，光合成が行われない夜間に水中が無酸素になる湖がある。その湖では，多くの魚は酸素のある浅い浅瀬や流入河川に移動する。ただし，その流入河川では捕食者であるナマズの仲間が移動して来た魚を捕食するため待ち構えている。多くの温帯湖では，春や秋に起こる全循環は，大気からの酸素供給に特に重要である。夏になって水温躍層が発達すると，それ自体が障壁となって，大気から深水層に酸素が供給されなくなる。また，冬の寒い時期には湖面が結氷するので，やはり大気から湖水に酸素が供給されなくなる。このように全面結氷する温帯の湖では，夏季の深水層だけでなく冬季にも酸素の消費だけが進行するので，しばしば無酸素状態になることがある[*12]。

湖が無酸素状態に陥りやすい理由の一つは，酸素という物質の水への溶解度が低いことにある。大気中の酸素濃度は，1Lあたり209mL（容積の20.9%）であるが，水温が4℃の場合，大気平衡下での水中酸素濃度は1Lあたりわずか9mL（0.9%）しかない。水温が上昇すれ

[*12] このような無酸素状態は，温帯や亜寒帯の富栄養湖で生じやすく，その結果魚類が大量に死滅することがある。夏に魚類の死滅が起こることをサマー・キル，結氷した冬に魚類の大量死滅が起こることをウインター・キルと呼んでいる。

ば，さらに大気平衡下での水中の酸素濃度は低下し，30℃では 4mL（0.4%）となる。さらに水温が高くなれば，細菌など微生物の酸素消費速度（呼吸速度）も大きくなる。先述したように，湖には植物プランクトンが生産した有機物に加えて，集水域からたくさんの有機物が流入する。植物プランクトンの死骸や集水域から流入した一部の有機物は細菌などの微生物の良い餌（栄養やエネルギー源）になる。それらを消費しようとすれば，呼吸のためにますます酸素が必要となる。酸素の供給がない状態で，酸素の消費が進めば，湖水中の酸素は完全に消費され，無酸素状態となる。

見えない生物を調べる

1904 年，ジュネーブ湖の微生物に関する記述のなかで，フォーレルは次のような指摘をしている。「細菌はいたるところにたくさんいるが，恐れるものではない。この微小な生命体のほとんどは人間にとって無害である。無害であるが，その数や多様性，さらには機能などを考えると，まったく重要でない，というわけではない」。近年まで，湖に生息している個々の細菌の種類やその生態系での役割についてはあまりよくわかっていなかった。湖に生息している細菌のほとんどは培養することが困難であり，顕微鏡で観察しても，形態的にはどれもほとんど差がないからである。しかし，近年では，さまざまな分子生物学的手法，たとえば遺伝情報を伝える DNA の塩基配列を調べれば，その細菌がどの系統に属しているか容易に判別できるし，同様に RNA の塩基配列を調べれば，その細菌でどのような遺伝子が発現し，どのようなタンパク質が合成されているかもわかるようになってきた。このような手法を使えば，たとえ培養できなくても，湖に生息している細菌を解析することができる。こうした解析を通じて，湖にはきわめて多様な微生物が生息しており，湖の生態系のなかでさまざまな機能を担っていることが明らかにされている。とはいえ，それら

の手法を用いた研究は，まだ発展途上であり，湖に生息する多くの微生物についてまだ十分にはわかっていないのが現状である。

湖に生息する微生物は4つの構成員（生物群）からなっており，それぞれが多様なグループや種を含んでいる。そのなかでサイズがもっとも小さく，数的に多く，おそらくもっとも多様性に富んでいるのが，ウイルス（virus）である。ウイルスは，大きさ20〜200ナノメートル（ナノメートルは1mmの100万分の1の大きさ）で，細胞をもたず，生物細胞に寄生し，宿主がもつDNAやRNAなどの塩基配列を利用し複製することで増殖する。細胞からなる生物のほとんどにはそれぞれ特有の寄生ウイルスがいる。単細胞である細菌は特に数多く存在しているため，ウイルスにとっては格好の宿主である。このため，湖水中のウイルスの大半はバクテリオファージ（bacteriophage），あるはたんにファージ（phage）と呼ばれる細菌の寄生者である。もちろん，他の微生物に寄生するウイルスも多く，季節によっては，微生物が関与している食物連鎖に大きな影響を及ぼす。しかし，その実態はまだよくわかっていない。巨大ウイルスと呼ばれるグループ（ミミウイルスmimivirusやその仲間）は，250nmと，ウイルスのなかではサイズが大きく，アメーバや植物プランクトンに寄生する。また，たとえば魚に寄生する伝染性造血器壊死症ウイルス（infectious hematopoietic necrosis virus：IHNV）など，水生動物に寄生するウイルスもいる。このような寄生性のウイルスが蔓延すると，養殖場のマスなどがほとんど死滅してしまうこともある。

寄生性のウイルスが宿主細胞のなかで複製され増えてくると，宿主細胞は溶解，つまり細胞を破り増殖したウイルスが水中に放出される。破れた細胞からこぼれ出た物質は，まだ感染されていない細胞の栄養源として取り込まれる。しかし，そのなかにはウイルスも含まれるため，結局寄生されることになり，ウイルスは増殖を繰り返す。しか

し，ウイルスに寄生された細菌は，溶解する前に，原生動物や動物プランクトンに食べられてしまうこともある（図16）。このウイルスを介した細菌からの有機物溶出と他の細菌によるその有機物の取り込み，さらには捕食 - 被食関係を通じた原生動物や動物プランクトンへの物質の流れは，「ウイルス短絡（viral shunt）」と呼ばれ，湖や海洋で生物が駆動する炭素フローの10％を占めることがあるという。また，ウイルスは宿主間でのDNA断片の交換にも機能していることが知られている。これは，他の細菌がもつ遺伝的な機能が，ウイルスを介して水平伝搬し，その細菌の次世代に伝わっていくことを意味している。ただし，そのようなことが生じるのは，宿主細胞が運よく捕食や他のウイルス増殖による溶解から上手く逃れたときだけに限られる。

湖に生息する微生物の第2の構成員は，細菌である。湖には，系統的にさまざまな門（phyla）に属する細菌が生息している。その生息数や多様性を確認する方法の一つは，湖水を蛍光色素で染めて薄膜フィルターの上に濾過捕集し，そのフィルターを蛍光顕微鏡で観察することである。蛍光顕微鏡を覗くと，まるで無数に瞬く天の川の星を見るように，フィルター上に光るいろいろな大きさや形の細菌細胞が観察できる。多くは球形であるが，棒状の環形や螺旋形，勾玉形や糸状のものもある。これら細菌細胞は，ウイルスよりは大きいものの，大きさ200～400nm（0.2～0.4mm）であり，フォーレルが使っていた顕微鏡では確認できないほど小さい。このように極微小な細菌細胞は，細胞の容積に比べて表面積が大きいため，湖水中に溶存している濃度の低い有機物や栄養を効率よく吸収するには好都合であるといわれている。

湖に浮遊して生活している細菌のうち，もっとも一般的な分類群は，プロテオバクテリア門（Phylum Proteobacteria）である。これには，

アルファ−，ベータ−，ガンマプロテオバクテリアの3亜門（subphyla）が含まれる。このうち，ベータプロテオバクテリア亜門が量的にもっとも多く，浮遊性細菌のおよそ70％を占める。これには，湖に生息することにちなんで命名された *Limnohabitans* 属が含まれ，植物プランクトンから排出された有機物を使ってよく成長し，その成長速度は動物プランクトンによる被食速度やウイルスによる死亡速度をしばしば上回るという。他の注目すべきベータプロテオバクテリア亜門は，世界中の湖で見られる *Polynucleobacter* 属で，集水域から流入する腐植酸分解途上物質など，複雑な有機化合物を利用することができる。また，ベータプロテオバクテリア亜門の *Nitrosomonas* 属は酸素を大量に消費してアンモニアを亜硝酸に酸化するなど，湖の窒素循環で重要な役割を担っている。

ガンマプロテオバクテリア亜門は主に海洋に出現するが，この仲間には湖でも注目すべき科（family）がある。Methylococcaceae 科の細菌はメタンを炭素源やエネルギー源にしており，たとえば *Methanococcus* 属や *Methylobacter* 属の細菌は，メタンが生成される無酸素の堆積物が堆積している湖底の表面に分布して，メタンを利用している。また，Enterobacteriaceae 科は私達に特に馴染みのある大腸菌（*Escherichia coli*）を含んでいる。大腸菌は，属名を短縮して *E. coli* と呼ばれるが，その属名は小児の糞便から本種を発見したオーストリアの小児科医，テオドール・エシェリヒ（Teodor Escherich）にちなんで命名されたものである。大腸菌は，ごく一部の変異体を除けば病原性はないが，人間の糞便や下水流入による汚染，湖水が飲料水や浴場に適しているか，などを診断するモニタリング対象生物となっている。これは，伝染性の大腸菌変異体だけでなく，コレラ，肝炎や腸チフスなどの胃腸疾患をもたらす水系感染病原菌の汚染などのリスクを知る指標になるためである。

京都大学生態学研究センターは，最先端の手法を用いることで，琵琶湖でユニークな分布をする細菌を発見している。それは，Chloroflexi 門の細菌種で，細菌としては比較的大きくバナナのような形状をしており，表水層にはまったくいないが，水温の低い深水層にのみ分布するという。その後の研究で，同様のバナナ形の細菌種は，カルデラ湖である九州の池田湖（表面積 11km²，最大水深 233m，平均水深 135m）など，さまざまな湖の深水層でも見つかっている。この細菌種の機能や生物量はまだ十分にわかっておらず，その解明が待たれている。

湖の多くの細菌は分解者，すなわち有機物を，二酸化炭素，アンモニウム，リン酸，硫化水素などの無機物に分解する。このような物質循環の役割に加えて，ある種の細菌は硝化作用（nitrifiers）など，無機物を変換することでエネルギーを得ていたり，太陽光を利用したりして生活しているものもいる。後者は，ピコシアノバクテリアと呼ばれる多細胞のラン細菌で，蛍光顕微鏡で見ると赤橙色に明るく輝いていることで存在が確認できる。細菌に比べるとやや大きいが，それでも 2μm 程度と小さい細胞である。ピコシアノバクテリアは，フォーレルが用いた顕微鏡では観察できないが，おそらく，ジュネーブ湖をはじめとするほとんどの湖，また海洋でも，もっとも光合成を多く行っている生物群であろう。蛍光顕微鏡で赤橙色に見えるのは，青や赤のタンパク色素によるもので，それら色素は，クロロフィルとともに光を吸収し利用するのに使われている。

アーキア（Archaea：古細菌）は微生物の第 3 の構成員で，細胞が小さく，核をもたず，形態的な特徴があまりない。この点で細菌とよく似ている。また，私達人間を構成している真核細胞とは異なり，アーキアは核や複雑な細胞内小器官をもたない原核細胞の生物である。この単純性こそ，アーキアが遺伝学的にも，また生化学的にも細菌や真

核生物と異なっている証であり，微生物学者が生命の第3の領域と称した理由でもある。アーキアも，細菌と同様に，湖では物質を循環させる機能を担っており，メタンを生成したり，アンモニアを酸化したりしている。

湖の微生物の最後の重要な構成員は，細胞に核をもつ真核生物で，原生生物と呼ばれる一群である。原生生物は歴史的に2つのグループに分類され，一つは光合成，つまり太陽光を利用して二酸化炭素から有機物を合成する光合成原生生物，すなわち藻類である。藻類のうち，浮遊して生活するものがいわゆる植物プランクトンで，これにはここで紹介する真核生物の藻類と上述したラン細菌が含まれる。もう一つは，光合成色素をもたない無色の原生生物，しばしば原生動物と呼ばれるグループで，湖水から有機物を直接吸収したり，細菌を食べたりして炭素やエネルギー源を獲得している。藻類は，よく増殖しているときでも光合成産物の一部を湖水中に排出すが，それだけでなく動物プランクトンに捕食されたりウイルスの増殖により破壊されたりしたときも，藻類が合成した有機物は湖水中にこぼれ出てくる。このような有機物は，食物連鎖を通じた物質の流れからいったんはずれてしまう。しかし，その有機物は細菌が利用し，その細菌を原生動物が食べ，さらに動物プランクトンが捕食することで再び食物連鎖に組み込まれることになる。このように，湖水中に漏れ出した有機物を微生物が利用することで食物連鎖に再び入るルートのことを微生物ループ（microbial loop）と呼ぶ（図16）。

比較的最近まで，生物学者はこの炭素やエネルギーによって支えられている生態系をしばしば二項対立，すなわち無機物対有機物，光合成対摂食，植物対動物という文脈で捉えてきた。しかし，原生生物は，植物のような機能をもつ一方で，動物のような機能をもつため，このような二項対立には馴染まない。これら原生生物のうち，光合成色素

をもち，光合成を行うとともに，細菌などを捕食する生物を混合栄養生物（mixotrophs）と呼ぶが，そのような生物は湖に普通に見られる。混合栄養生物は，光合成を行うことで光エネルギーを利用するが，他の藻類のように生活に必要な有機物をすべて自身で合成するのではなく，周囲にある有機物も利用して生活している。細菌は，湖水中の有機物をかき集めてできた有機物と栄養塩の集合体と見ることができる。よって，混合栄養生物は有機物と栄養の集合体でもある細菌を捕食することで，色素をもたない原生生物のように，栄養塩やエネルギーを獲得しているのである。

物質循環

湖の微生物は生産者，寄生者あるいは消費者として食物網のいたるところでさまざまな役割を担っている（図16）。このような多様な微生物は酸化（物質が電子を失う作用）・還元能力（'物質'が電子を獲得する作用）を通じて，湖の生態系の生元素，たとえば炭素，窒素，リン，硫黄の循環で中心的な役割を果たしている。これら，湖の生物地球化学（biogeochemistry）プロセスは学術的に興味深いが，それだけでなく，各元素の栄養や動態，さらには毒性にも関与している点で重要である。たとえば，酸化物である硫酸イオン（SO_4^{2-}）は，硫黄（S）としては湖水中でもっとも豊富な形状であり，植物プランクトンや水生植物の成長に必要な元素として取り込まれる。これら光合成生物は硫酸イオンを還元するとともに，枯死すると微生物より腐った卵のような匂いがする硫化水素（H_2S）ガスに変換される。この硫化水素は，多くの水生生物にとって有害である。特に酸素のない堆積物や湖水中では，硫酸塩を直接利用する硫酸還元菌により硫化水素の生成が活発となる。幸いなことに，この硫化水素を化学エネルギーとして利用する硫黄酸化細菌がおり，水中に酸素があれば，この細菌によって硫化水素は硫酸イオンに酸化される。

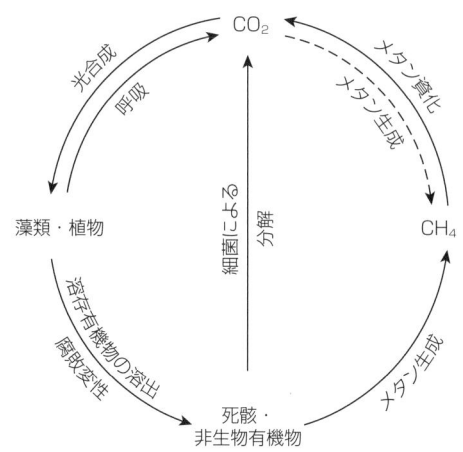

図17　水圏の炭素循環

炭素の循環は生態系の根幹である（図 17）。微生物は，ここでもさまざまな関与をしているが，それだけでなく無機化学においても重要な役割を果たしている。湖水には，3 形態の無機態炭素，すなわち，ガス状である二酸化炭素（CO_2），炭酸水素イオン（HCO_3^-），炭酸イオン（CO_3^{2-}）が存在している。後 2 者の炭酸塩は集水域の石灰岩（limestone：炭酸カルシウム）や苦灰岩（dolomite：炭酸マグネシウムと炭酸カルシウムの混合物）が水と二酸化炭素との反応で生じる風化を起源としている。一方，湖に負荷される二酸化炭素は，大気や流入河川あるいは微生物が呼吸により有機物を分解するとき生じる二酸化炭素を起源としている。この 3 形態[13] の無機炭素は，下記の化学式で示される炭酸平衡と呼ばれる状態で湖水中に溶け込んでいる。

$$CO_2 + H_2O \rightleftarrows H_2CO_3 \rightleftarrows H^+ + HCO_3^- \rightleftarrows 2H^+ + CO_3^{2-}$$

---

*13　厳密には 4 形態で上記化学式にあるように H_2CO_3（炭酸）も存在している。しかし，その割合はきわめて少ない。

この炭酸平衡式は，湖水中のpH（水素イオン濃度）を支配しており，たとえば酸（H^+）が負荷されれば，炭酸水素イオンと炭酸イオンが即座に取り込んで二酸化炭素に変換することで湖水を中和する。このように，酸を中和できる容量をアルカリ度というが，その容量は湖によって大きく異なっている。実際，炭酸塩濃度が少ないヨーロッパや北米およびアジア大陸の湖では，工業化によりpHが大幅に低下した。これは，工場から排出された酸性の大気汚染物質が酸性雨として集水域に降下し，湖に負荷[*14]されたためである。このpHの大幅な低下は，土壌からアルミニウムがイオン（Al^{3+}）として水中に溶け出すなど，水生生物には非常に有害である。幸いなことに，工場からの大気汚染物質の排出は法的に制限されるようになり，いわゆる酸性雨は減少したが，それでもいくつかの地域ではその影響は未だ続いており，湖の炭酸塩やカルシウムイオン濃度が低下したままとなっている。

二酸化炭素は植物プランクトンや水生植物の光合成により消費される。しかし，二酸化炭素が減少すると，即座に炭酸平衡が機能し，炭酸水素イオンや炭酸イオンが水素と反応し二酸化炭素となる。その結果，水素イオン濃度が減少するのでpHは上昇することになる。水温が高い季節では，pHが上昇すると，湖水にホワイトニングという現象が起こる。これは炭酸塩が水中のカルシウム塩と結合しチョーク色の懸濁物質が生成されためである。北米五大湖でこのような現象が起きたとき，宇宙ステーションからそれを見かけた宇宙飛行士が，湖が白くなっていると叫んだという。

---

*14 火山列島である日本の場合，基岩が若くまだミネラルが多く含まれているため，風化により炭酸塩が豊富に河川や地下水に溶け込んでいる。このため，湖水の炭酸塩も比較的豊富でアルカリ度が高く，酸性物質に対する中和能力が高い。欧米と異なり，工業化が進んだ際に日本の湖沼で酸性化がさほど深刻な問題にならなかったのは，基岩のミネラルが豊富なためである。

メタン（CH$_4$）は，水圏炭素サイクルにおいて2番目に重要なガス成分である（図17）。メタンは二酸化炭素同様に温室効果ガスであるが，その分子量あたりの温室効果は二酸化炭素の20倍もある。メタン生成（methanogenesis）は，酸素のない嫌気的な環境で主に行われ，湖生態系の第3の微生物構成員であるアーキア，そのなかでも物質代謝で特殊化したアーキアが関与している。例えば，メタン生成に二酸化炭素を利用するアーキア，低分子の有機物を利用するアーキアなどである。これらアーキアの活動は，有機物に富み，嫌気状態により黒色となった堆積物中で主に行われるが，無酸素となった湖底直上や，冬季結氷により酸素がまったくなくなった水中でも進行する。

永久凍土地域のサーモカースト地形にできる湖でのメタン生成は，特に印象的である。このような湖では，永久凍土から溶け出してきた植物遺体を起源とする有機物が湖水や堆積物に豊富に存在している。これら有機物は，細菌によって酸素を消費しながら分解されていく。しかし，短い夏が終わり冬になると結氷し，湖水は氷で蓋をされた状態となる。結氷下の湖水は，細菌により酸素が消費される一方で酸素供給がなくなるため，無酸素状態となる。このような場所は，アーキアによるメタン生成に格好な場所である。長い冬の間中にアーキアはメタンを生成し，生成されたメタンガスは厚い氷の下で溜まっていく。やがて，厚い氷でもこの溜まったメタンガスが抑えられなくなり，氷に穴があいて噴出する。白い冬景色のなかに立ち上がるメタンガスが高く噴出する光景は，まさに壮観である。

有機物に含まれる還元的な炭素化合物の多くは，メタンに分解されていくが，メタンを二酸化炭素に酸化する経路もある（図17）。植物プランクトンや水生植物が枯死すると，それら有機物は多様な細菌に消費されていくが，その途上でさまざまな低分子の有機物に分解される。これら低分子の有機物はさらに，さまざまな細菌や微生物の炭素

源やエネルギー源となる。メタンの酸化は，メタノトロフ（methano-troph）というメタンを資源としてエネルギーを獲得する代謝経路をもつ特殊な細菌，メタン資化細菌によって行われる。このメタン資化細菌は，メタンと酸素がともに存在するようなきわめて限られた環境に生息している。例外は，上記の永久凍土地域にある湖である。そこでは，夏になり湖面の氷が溶けて大気から酸素が供給されると，湖水にはメタンと酸素があるため，メタン資化細菌のパラダイスのような環境となる。このような永久凍土地帯の湖では，メタン資化細菌が細菌全体の 10% 以上を占めることもあるという。

炭素のサイクルに比べると，窒素の循環はより複雑である。というのは，窒素には酸化力が異なる多様なイオンや分子形態が存在し，それら形態の化学反応にはさまざまな微生物が関与しているからである。窒素は大気中でもっとも豊富に存在している元素であり，湖水でも同様である。窒素元素が三重結合してできる窒素ガス（N_2）は，化学的に安定しており分解が難しい。しかし，ある種のラン細菌，たとえば湖水中で大繁殖しアオコとなる *Dolichospermum* 属（かつては *Anabena* 属とされていた）や湖底面でマット状に繁殖する *Nostoc* 属のラン細菌は，いずれも粘質物の鞘で細胞を包む特徴をもつ種であるが，酵素を使って窒素ガスを分解して利用する，いわゆる窒素固定能力をもっている。しかし，このようなラン細菌による窒素固定は，湖に負荷される窒素としては多くない。たとえば，米国ウイスコンシン州にあるメンドータ湖（Lake Mendota）では，毎年，窒素固定をするラン細菌が繁殖するが，ラン細菌が大気から固定する窒素の量は，集水域から湖に流入する窒素量の 10% 以下にすぎないという。なお，メンドータ湖は，陸水学のパイオニア研究者であるエドワード・バージ（Edward A. Birge）やチャンシー・ジュディ（Chancey Juday）らが研究を始めた湖であり，世界の湖のなかでもとりわけよく研究されている湖である。

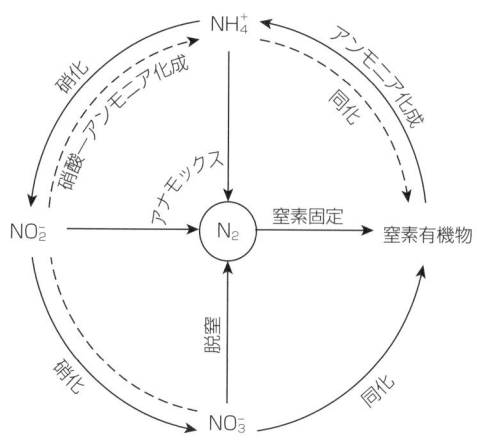

図18 水圏を巡る窒素循環

上述したように，湖に負荷される窒素の多くは集水域から流入するが，ほかにも直接，あるいは降雨や降雪を通じて大気から降下して負荷される窒素もある。それらの窒素には，硝酸やアンモニウムなどの無機物だけではなく，さまざまな溶存態あるいは懸濁態（粒子状）の有機物が含まれている。これらの窒素化合物は，植物プランクトンが成長する際に取り込まれるが（図18），死滅すると分解され低分子の窒素有機物やアンモニウムに分解される。このプロセスをアンモニア化（ammonification）という。

水中に溶存している窒素が再び窒素ガスになるにはいくつかのプロセスを経る必要がある。アンモニウム（NH_4^+）はある種の細菌や一部のアーキアにより酸化され亜硝酸（NO_2^-）となり，さらに他の細菌により酸化されて硝酸（NO_3^-）となる。このような細菌を硝化細菌というが，このうち，単独でアンモニウムから硝酸へ変換する微生物を，complete ammonium oxidizers の頭文字をとって，コマモックス（comammox）という。この化学過程からも明らかなように，硝化細

菌は酸素が大好きで，窒素を硝酸に酸化するのに3原子の酸素が必要である。富栄養湖の湖底では，酸素の消費と供給のバランスが不安定であるが，この硝化作用による酸素の消費が無酸素状態へひと押しすることがある。

無酸素状態では，他の細菌がまた別の窒素の変換プロセスに関与している。ある細菌は，硝酸をアンモニアに変換するが，この過程は硝酸‐アンモニア化，あるいはもっと長い言葉で表現すると，異化的硝酸還元アンモニウム化という（dissimilatory nitrate reduction to ammonium の頭文字をとって DNRA と記すことがある）。また，他の細菌は，硝酸を窒素ガスに変換することで窒素を湖から大気に放出する役割を担っている。この脱窒（denitrification）作用は，湖から窒素を減らすことになる。窒素循環で特別な役割を担っている細菌には，いわゆるアナモックス（anammox）と呼ばれる一群がある。これは，anaerobic ammonium oxidizing の略で，硝化と脱窒をあわせて行うことでアンモニウムを窒素ガスに変換する能力をもつ。これらは，Planctomycetes 門の細菌で，下水処理などエンジニアリングにも有用である。というのは，排水中に溶存する窒素を窒素ガスに変換し大気へ放出することで水を浄化することができるからである。なお，このアナモックスは，炭素有機物を必要としない点でも脱窒菌と異なっている。

リンの循環，とくにその酸化と還元は，湖生態系にとってことさら重要である。リンは湖の植物プランクトンの成長を制限する元素の一つであるため，生活排水や農地の肥料に含まれるリンが集水域から流入すると，湖は一挙に富栄養化する。炭素や窒素と異なりリンはガス成分をもたない元素であり，元を質せば，地表に現存するリンは基岩や土壌に由来する。リンは，懸濁態あるいはオルトリン酸や溶存態有機物として，集水域から湖に流入する。湖水中のリン量は，すべての形

態を含む全リン（TP : total phosphorus の略）量として測定される。全リン濃度は貧栄養湖では 10ppb[*15] レベルであるが，植物プランクトンが多く繁殖する富栄養湖では 100ppb である。

湖の湖底堆積物には，リンも多く堆積している。一般に，堆積物中のリンは湖水には溶け出さないが，条件によっては湖水中に溶け出す。このことを最初に確認したのは，著名な陸水学者クリフォード・モーティマ（Clifford H. Mortimer）である。今や古典的ともいえる彼の実験は，イギリス湖沼地帯にあるウィンダミア湖（Lake Windermere）の湖底で採集した堆積物を用いて行われた。モーティマはこの堆積物を水槽の底に敷きつめて湖水を入れ，酸素とそれに関わる化学反応を測定した。その結果，水中の酸素濃度が著しく低下すると，溶存鉄やリン酸塩が水中に溶け出すことを発見したのである。このような変化は，現在では高精度の電極を使って詳細に調べられている。たとえば，五大湖のなかで一番浅いエリー湖（Lake Erie）の湖底堆積物を用いた実験では，高精度のリン酸塩測定電極を用いて測定したところ，水中の酸素がなくなると堆積物直上の湖水でリン酸塩濃度がなんと 1 万倍も増加することが示された（図19）。

この堆積物直上面での化学的変化は，複数のメカニズムにより生じることがわかっている。モーティマが指摘したように，堆積物中に酸素が豊富にあれば，リン酸のほとんどは第二鉄（すなわち 3 価の水酸化鉄：$Fe(OH)_3$）と結合するため水中に溶け出さない。しかし，無酸素状態では鉄は第一鉄（すなわち 2 価の水酸化鉄：$Fe(OH)_2$）となるため，リン酸と結合しなくなり，遊離したリン酸は湖水中に溶け出すことになる。さらに，堆積物中の酸素がなくなると，細菌による硫酸還

[*15] ppb は parts per billion（10 億分の 1）の略で，10^{-9} の濃度。具体的には水 1L あたり 1μm（重さでいえば，水 1kg あたり 1μg に相当する）。同様に，ppm は parts per million（100 万分の 1）の略で，10^{-6} の濃度

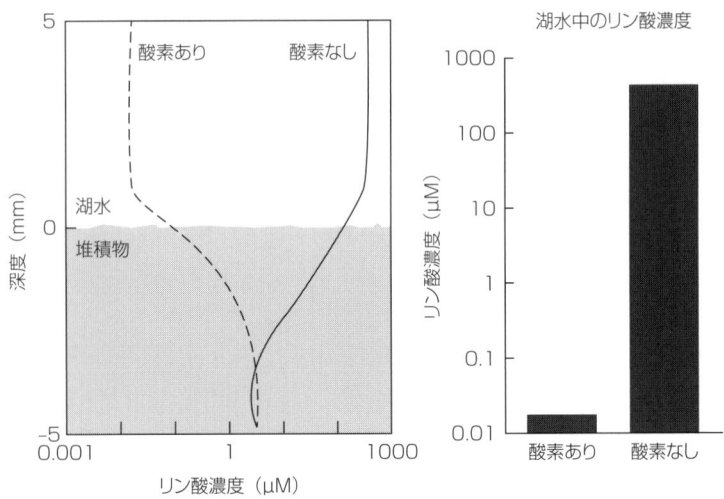

図19 エリー湖で観察された，酸素の有無による湖底堆積物からのリン溶出
量の違い

元により硫酸塩が生成されて鉄と結合するため，リン酸と結合できる
3価の水酸化鉄はますます減少する。加えて，酸素が豊富な堆積物で
あれば，その表面には微生物が繁殖し，リン酸をポリリン酸の顆粒と
して留めるが，酸素がなくなればそれらも水中に溶け出す。また，ア
ルミニウムやカルシウム，さまざまな有機物の濃度やpHも，これら
一連の化学反応に影響を及ぼす。このため，無酸素状態になった堆積
物からのリン酸塩溶出量は，湖によって大きく異なっている。しか
し，多くの富栄養湖では湖底堆積物は無酸素になるため，数十年前に
集水域から流入したリンであっても堆積物中から湖水中に溶出してく
る。このため，集水域からのリン流入が減ったとしても，富栄養化は
収まらず，湖沼の水質改善に大きな支障をきたすことになる。

生産層

フォーレルの時代には，多様な湖水中の微生物やその物質循環での役割を詳細に調べる方法はなかった。しかし，今日では，さまざまな観察・測定方法の発展により，実に多様な生物とそれらの間に見られる生物間相互作用の様子が明らかになってきた。とはいえ，フォーレルは，水圏の食物網を支えている光合成を行う一次生産者の違いによって，湖が2つの区分に明瞭に分けられることに気づいていた。その一つは，湖の岸側，すなわち沿岸帯（littoral zone）であり，そこでの一次生産者は主に水生植物で，湖底堆積物に根を張り水中に葉を展開する種類もいれば，湖面や水上で葉を展開する種類もいる。浅い池や湖では，これら水生植物，いわゆる水草（aquatic macrophytes）やそれらに付着している藻類が生態系全体の生物生産を担っている。1904年，フォーレルは，ジュネーブ湖の畔によく茂っている水草を見てこのように述べている。「それらはまさに水の中の森林である。山岳地帯の森林がそうであるように，美しく，ミステリアスで魅力的な場所である」と。実際，水草が繁茂する場所はいろいろな動物に棲み場所を提供するとともに，湖水中の栄養塩を留めたり湖流に影響を与えたりする。

もう一つの区分は，水の沖合で沖帯あるいは漂泳帯（pelagic zone）と呼ばれる場所である。そこでの美しさは，顕微鏡レベルであり，プランクトンネットで湖水を掬い取れば，さまざまな大きさ，色，形をした多様な色素をもつ藻類細胞（algal cells），すなわち植物プランクトン（phytoplankton）を見ることができる。植物プランクトンは，いうまでもなく，光合成色素をもち光合成を行うため，その生息域は有光層の下限までとなる。よって，湖底が有光層の下限に達したところが，沿岸帯と沖帯の境ということができるだろう。というのは，これより深い水深では湖底に光が届かないため水草は芽生えができない

からである。ただし，水草の分布は他の要因，たとえば水圧やザリガニのような捕食者，底質にも影響される。沖帯で有光層よりも深い場所は，深底層（profundal zone）と呼ばれ，光がなくても有光層から雨のように落ちてくる植物プランクトンの死骸や有機物を利用して生活する，生物が生息している（第5章）。

一般に，1湖沼には，100種に及ばないとしても数ダースの植物プランクトン種が分布しており，それらは4つの主要グループに分けられる。そのうちの一つは，細胞がガラス質の珪酸物質で覆われ，その表面には種ごとに特有の彫刻模様がある，珪藻類（diatoms）である。珪藻類の多くは，一般的な顕微鏡で観察でき，種の同定も可能である。フォーレルは当初から，ジュネーブ湖の食物連鎖において珪藻類は特に重要であると考えていた。このことは次のような彼の著述からも明らかである。

　　ある珪藻はワムシに捕食され，それはケンミジンコ類やミジンコ類に捕食され，それらはコクチマス（whitefish）に捕食され，コクチマスはパイク（pike）に捕食され，そのパイクはカワウソか人に食べられることになる。

ガラスは重い物質なので，珪藻は重く沈みやすい。このため，珪藻は有光層から容易に沈降し湖底に堆積する。このため，珪藻にとって成長しやすい季節は，湖水が鉛直的によく循環する春や秋である。湖水が鉛直的に撹拌されていれば，珪藻の多くは，沈降と浮上を通じて光合成を行える光と，適度な栄養塩のある有光層に留まることができる。ウィンダミア湖をはじめとして，世界各所の湖で珪藻類の長期変動に関するデータが残されている。それによれば，珪藻類は毎年決まった時期に出現密度が増加し，減少している。珪藻類が減少する季節は，成層が発達する時期，つまり湖水が鉛直循環しなくなる季節で

ある。また，動物プランクトンによる捕食や寄生生物の蔓延により急激に減少することもある。

緑藻類（green algae）も植物プランクトンとしてよく観察されるが，その形態やサイズは変化に富んでいる。もっとも小さい種は2〜3µm以下であり，ピコプランクトン（picoeukaryotes）と呼ばれている。湖水中の現存量は多いが，多くは球形で形態に特徴がないため，種の同定にはDNA塩基配列情報が必要である。これに対し，緑藻類のなかには大きな群体を形成する種もいる。たとえば，琵琶湖固有の緑藻種であるビワクンショウモ（*Pediastrum biwae* variety *triangulatum*）はレースの織物のように美しい群体を形成し，その大きさは100µm（1mmの1/10）にも達する。また，さまざまな湖沼に広く出現する種もおり，たとえば粘質で覆われた群体を形成する緑藻種 *Sphaerocystis shroeteri* もその一つである。この種は，動物プランクトンが食べられないほどの大きさになり，また，仮に食べられたとしても粘質で覆われているため消化されず，むしろ動物プランクトンの消化管内にある栄養塩を吸収することで，排出された後に爆発的に増殖することができる。

植物プランクトンの3番目のグループは，独立栄養鞭毛藻と呼ばれる遊泳型の種類である。この種は，特定の分類群ではなく，いろいろな門（phyla）に属しており，保有色素や生態的特性もきわめて多様である。これら遊泳型の細胞は鞭毛を使って水中を遊泳する。分類群によって鞭毛の数は異なっており，たとえばアイスクリームコーンのような集団を形成する黄金色藻（golden-brown algae）の *Dinobryon divergens* では鞭毛は1本である（図20）。しかし，緑藻の *Chlamydomonas* 属のように2本の等長の鞭毛をもつ種もいる。これら遊泳型の植物プランクトンのうち，ことさらサイズが大きいのは茶褐色をした渦鞭毛藻（dinoflagellate）の *Ceratium hirundinella* で，細胞は

77

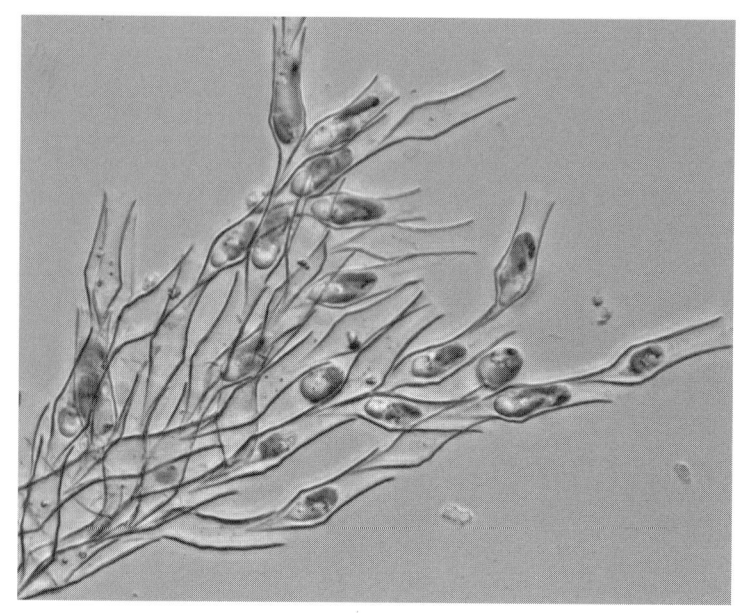

図20　群体を形成する鞭毛藻 *Dinobryon divergens*：個々の細胞の大きさは
10～15μm であり鞘のなかに収まっている。これら鞘が房状につなが
ることで群体となる。この仲間は，光合成を行うとともに細菌を捕食
する混合栄養生物である

250μm にも達する。この種は，鞭毛を使って表水層のなかを上昇し
たり下降したりして生活している。

植物プランクトンの4番目のグループは，先にも登場したラン細菌
（cyanobacteria）である。ラン細菌は，クロロフィルに加えて青色の
タンパク色素をもつため，かつては藍藻類（blue-green algae）と呼
ばれていた。ラン細菌のなかには，単細胞で小さいピコシアノバクテ
リアと呼ばれる種もいれば，大きな群体を形成する *Microcystis aeru-
ginosa* のような種もいる。ラン細菌は温暖な季節を好み，*Microcystis*
属のように群体を形成する種は，夏季や初秋に大繁殖していわゆるブ

ルーム（日本ではしばしばアオコと称する）を形成することで，湖の水質を悪化させる。

植物プランクトン量やその種組成は，湖の生物生産だけでなく水質についても重要な情報を提供する。植物プランクトンの種同定や計数には倒立顕微鏡がよく用いられる。底が平板なガラス面のシリンダーに湖水を入れ，植物プランクトンを沈降させる。沈降した植物プランクトンを，シリンダー底のガラス面から倒立顕微鏡を用いて観察し，種同定しながら計数することで湖水中の植物プランクトン量や種組成を調べることができる。この作業は時間を要し，顕微鏡観察の技術や植物プランクトン種の分類について深い知識が必要となる。

一方，精確とはいえないが，もっと容易に植物プランクトン量を把握する方法もある。それは，ラン細菌を含むすべての植物プランクトン種がもつクロロフィル a 量を定量する方法である。また，植物プランクトンのなかでどのような分類群が量的に多いかを，分類群特有の補助色素を定量することで調べることも可能である。そのような色素には，たとえば，渦鞭毛藻のペリディニウム類や珪藻類が特有にもつ光合成補助色素であるフコキサンチン（fucoxanthin）がある。他にも強光から細胞を守る色素として緑藻類が特有にもつルテイン（lutein）やラン細菌がもつエキネノン（echinenone）なども分類群を識別するのに有用な色素である。ただし，これら湖水中の植物プランクトンがもつ各種色素を分析・定量するためには，高速液体クロマトグラフィーなど，特別な機械が必要となる。

ここで，ハッチンソンの「プランクトンのパラドクス」を再考してみたい。なぜ均質な湖水のなかに多様な植物プランクトン種が共存できるのかを問う問題である。ハッチンソンはこの問いに対するいくつかの答えを示唆している。その一つは，植物プランクトンの群集構造

は，平衡状態ではないこと，つまり安定したものでなく，つねに何らかの擾乱にさらされているため，今日優勢であった種が明日には劣勢になるという可能性である。このような環境の不安定さが，競争による種の排除を遅延させているのではないかとハッチンソンは考えたのである。今日では，これは「非平衡理論」と呼ばれている。近年，生物のゲノム解析の技術が飛躍的に進展し，これまで同定が難しかった微生物種についてもDNAの塩基配列で同定できるようになった。それら分子生物学的な技術により，ハッチンソンが考えていた以上に，湖水中には多様な種が存在していることが明らかにされている。よく調べてみると，植物プランクトンを含む多くの微生物種は量的に少なく，しかも成長速度が遅いか，あるいはほとんど成長を止めているし，量的に多い種はつねに捕食やウイルスに寄生にさらされており，消失率が大きい。微生物学者はこのような状況を「希薄な生物圏」と呼んでいる。とはいえ，1mL中にわずか数細胞しかいない種類であったとしても，湖全体では莫大な細胞数であり，それだけいれば絶滅を免れる可能性は高いだろう。また，ごく少数の細胞が生き残れば，その種は，次の季節，あるいは翌年，それがタネとなってまた細胞数を増やすことができるだろう。

食物連鎖と高次生産

*小さく弱いものは大きく強いものに食われ，それらはさらに大きく強い
ものの餌食となる，あるいは上手く逃げられたとしても，すべての生物
がそうであるように，結局，微生物による分解から逃れることはできな
い。*

F. A. Forel

フォーレルは自叙伝のなかで，ジュネーブ湖の湖底で生活している動
物の発見こそ，湖の科学を研究していてもっとも興奮したことであ
る，と振り返っている。彼が住んでいた湖畔の街，モルジュの沖で採
集した湖底堆積物に，波打つような模様があることに彼は気づいた。
そこで，この模様が何に由来するのかを調べるため，堆積物の試料を
顕微鏡で観察することにした。顕微鏡で観察していると，鉱物粒子の
間から突然ミミズのような生物が這い出してきた。彼は，思いもよら
なかった生き物の出現に驚愕するとともに，深いジュネーブ湖の湖底
に動物がどうして棲めるのだろうかと，疑問に思った。もし，これが
本当なら，湖の深底層は砂漠のような場所ではなく，何らかの世界が
存在することになる，と。

その夜，ジュネーブ湖の湖底堆積物を採集するドレッジを作成し，翌
日採集を行った。その結果，水深300mほどの深底層（図21）にも，
実にさまざまな動物が生息していることを発見したのである。この発

見から，彼の生涯にわたる研究が始まった。湖底に棲む動物の集団，つまりベントス群集は，表層から深底層に雨のように沈降してくる植物プランクトン死骸などの有機物を利用していると考えた。フォーレルは，この表層からの有機物の供給を，「食卓から落ちた食いこぼし」と呼んだ。実際，ベントス群集は湖底に落ちてくるあらゆるものを食べている。一方で，ベントス群集の生物は，それ自身が他の生物，たとえば湖底で餌を探す魚の餌となるとともに，堆積物中の微生物に分解され栄養塩となって湖水に戻るというサイクルを担っている。その40年後，米国の若き生態学者レイモンド・リンデマン（Raymond L. Lindeman）は，フォーレルによる食物網や細菌による分解を介した物質循環の発見を称賛している。リンデマンはミネソタにあるシダー・ボグ湖（Cedar Bog Lake）で博士研究を行い，フォーレルのアイデアをより定量的に拡張し，エネルギーと炭素の栄養動態（trophic-dynamics）という概念を打ち立てた。この概念においても，湖底堆積物の細菌や生物遺骸は，湖全体の食物網の，基盤的な役割を担っている。

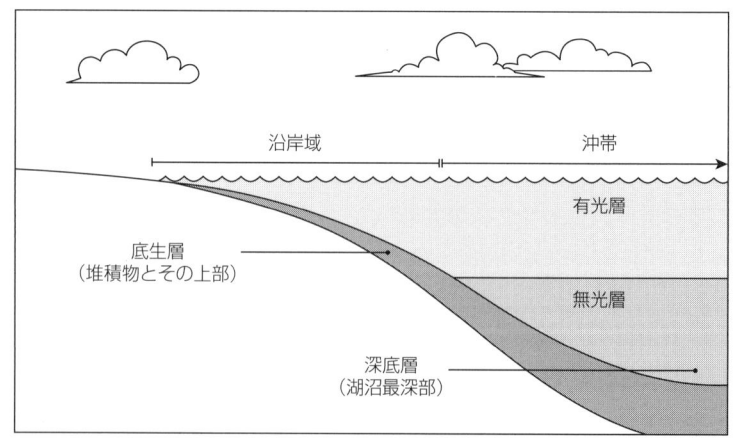

図21 湖の生態区分帯

湖の表層では，第4章で述べた細菌や藻類など原生生物による生命維
持システムがエネルギー源や炭素源となり，底生動物だけでなく沖帯
（図21）に生息している動物プランクトンを支えている。動物プラン
クトンは0.2〜2mmほどの大きさで，湖水を採集すると，粒のよう
ではあるが，大きい種は泳いでいるのが肉眼でも確認できる。泳ぐ，
といっても，動物プランクトンはモゾモゾと動くものもあれば，飛び
跳ねるように動く種もいる。これら動物プランクトンはプランクトン
食魚に食べられ，プランクトン食魚は魚食魚や水鳥などの餌となり，
しばしば人間の食料にもなる。近年，科学技術が発展し，高精度の音
波探査機（魚探）や衛星を利用した遠隔測定法（リモートセンシン
グ），さらには安定同位体や脂質分析，遺伝子解析などが，従来的な
研究方法に加えて利用できるようになった。その結果，動物プランク
トンや底生動物が形成する食物網の様子や，それら生物の間の相互作
用などが明らかにされている。

水圏食物網に関する近年の研究によれば，多くの湖では，集水域から
流入する物質が重要であることが示されている。その多くは，陸上の
植物や土壌に由来するもので，水圏に棲む動物の直接あるいは間接的
なエネルギー源や炭素源となっている（図16）。集水域以外から湖に
入り込むものもある。それは，外来種である。外来の植物や動物は，
漁業振興など，生態系を「改善」するために意図的に放流される種も
あるが，釣りやボート遊びなど人間活動の高まりにより，意図せずに
侵入する種もいる。多くの場合，それらの侵入種は在来種からなる食
物網を破壊し，その湖に特有の生態系サービスを劣化させる。

湖底の生物群集

フォーレルは顕微鏡下で，鉱物粒子をかき混ぜるように動く生物，お
そらく線虫か渦虫が，湖底に生息していることを確認した。実際，湖

の堆積物は糸や紐のような細長い動物の生息場所になっている。それらは系統的にまったく異なる3つの生物群に属している。その一つは線形動物門（Nematoda）で，おそらく量的に多く種多様性も高い。この糸くずのような無脊椎動物は，体長0.2〜2mm程度で，一般に湖底1m²あたり100万個体生息している。小さい個体は特に個体数が多く，主に湖底堆積物の表層数ミリ程度までの場所に生息している。淡水からは2000種ほどが記載されているものの分類はさほど進展しておらず，さらに数千ほどの未記載種がいると推定されている。線形動物（線虫）は食性のバラエティーに富み，水生植物を食べるもの，原生生物や小さい無脊椎動物を食べるもの，さらには大きな動物に寄生して生活するものもいる。湖の湖底に生息している種は，主に生物遺骸などの有機物や細菌，水生菌類などを餌としているようである。

細長い動物の第2のグループは，環形動物門の貧毛類（Oligochaetes）で，英語ではsegmented wormsと呼ばれているイトミミズ類である。これら動物も，湖底に堆積している泥やシルトに潜ったり這い回ったりしている。このうち，たとえば*Peloscolex Variegatum*は酸素が豊富な場所でないと生息できない。イトミミミズの仲間には，砂泥粒子や植物プランクトン遺骸を使って細いチューブのような棲管を堆積物中につくり生活している種もいる。彼らは，頭を下に向けて堆積物を掘るようにして食べ，後端部は底泥上に突き出し，チューブ内を蠕動運動することで堆積物表面から内部へと酸素を導入する。これらの種は，血色素をもつため貧酸素にも耐えることができる。このうち，*Tubifex tubifex*や*Limnodrilus hoffmeisteri*は，有機物汚染が並んだ湖沼の堆積物に生息していることが多く，水質悪化の指標生物となっている。

堆積物中に生息している細長い動物の第3のグループは，昆虫類，特

にハエ目（deptera）の幼虫である。そのなかでも普通に見られるのは，ユスリカ（chironomids）[*16]の幼虫で，カの仲間であるが人を刺すことはない。このユスリカの仲間は，これまで5000種以上が記載されている。ユスリカの幼虫は魚が大好きな餌で，湖の湖底 $1m^2$ に数千個体が生息していることもある。堆積物に棲む動物としては比較的大型で，生物量としても底生生物群集のなかでは量的に多い。ほとんどの種は棲管をつくり，そのなかを上下運動することで，湖水に含まれている酸素を堆積物中に供給し，通気している。これは屈潜運動と呼ばれ，酸素を送り込むことで堆積物の化学反応に影響を及ぼしている。このため，ユスリカは，湖のさまざまな化学反応に関与する生態系エンジニアといえるかもしれない。他の底生生活をしている分類群と同様に，ユスリカの生息密度も種多様性も，湖の沿岸域（図21）で豊富である。これは，底質が多様で，水草も生えており，周囲からさまざまな有機物が流入するためであろう。しかし，比較的大きい湖では，沿岸域は深底層が広がる沖帯に比べて狭いため，ユスリカ類の湖全体の生物量は沖帯のほうが多い。

ユスリカは湖研究の歴史を刻む生物群の一つである。というのは，ドイツ・プレーン郡（Plön）にある水生生物研究所の所長で，著名な動物学者であったアウグスト・テーネマン（August Thienemann）が好んで研究した生物だからである。テーネマンについて語る前に，まず彼の研究仲間で，著名な植物学者であるアイナル・ナウマン（Einar Naumann）について触れておきたい。彼は，スウェーデン・ルンド市（Lund）にある陸水研究所で臨湖実験施設を設立し，湖水中の植物プランクトンの密度により湖を類型化する研究を行っていた。その研究を通じて，ナウマンは湖の栄養状態を，ギリシャ語で繁殖量を意味する trophikos という単語を用い，貧栄養（oligotrophic：水が澄

---

*16 著者によれば，発音はカイロノミッド。

み植物プランクトンが少ない状態）と富栄養（eutrophic：植物プランクトンに富む状態）に分類した。テーネマンはこのナウマンによる湖の分類を自分の研究でも採用した。これが契機となり，この湖の分類は一般的に用いられるようになった。具体的にいうと，テーネマンは貧栄養と富栄養の湖では生息しているユスリカの種類が違うことを発見したのである。たとえば，*Tanytarsus* 属のユスリカ種は貧栄養な湖で普通に見られるが富栄養な湖には生息せず，一方，富栄養で深底層に酸素が少ない湖では *Chironomus* 属のユスリカ種が生息している。この 2 人の湖研究者の働きかけにより，国際陸水学会（SIL：International Limnological Society）が設立され，1922 年にドイツ・キール市（Kiel）で最初の陸水学の国際大会が開催された。

湖の底には，それ以外にも多くの生物が生息している。たとえば，貝類（Molluscs）である。貝類は，巻き貝（gastropods）と二枚貝（bivalves）に分けられる。ある種の魚は沿岸域の岩陰や水草帯に生息している巻き貝を餌としている。そのような場所では，巻き貝は岩や水草の上のデトリタス（detritus）*17 や藻類を中心としたバイオフィルム *18 を食べている。二枚貝は寿命の長い種が多く，数十年生きる種もいるという。また，イシガイ科（unionid）には絶妙な移動様式をもつ種がいる。鰓器官である鰓膜の一部が小魚のような形をしており，巧妙にも魚の目のような色素もある。それを貝殻の外に出して，あたかも小魚が生きているかのようにヒラヒラさせる。すると大型の魚が餌と思い食いつく。すると，鰓膜が破れ，そのなかからグロキディウム（glochidium）という幼生が放たれる。この幼生は，魚の鰓

---

*17 陸上植物や湖水中に生息している生物の遺骸断片やそれに由来する粒子状あるいは固形の有機物。

*18 水草や岩の上にあるヌルッとした薄膜で，藻類やラン細菌の他，細菌や原生生物，菌類など多様な生物種から構成されている。水草や岩などの基質上で繁殖している生物をペリフィトン（periphyton）という。

に取り付き，小さい貝になるまで成長する。その間，魚は遊泳して移動する。貝が成長して重くなると，コロリと魚から湖底へと落ちる。このようにして，生まれた貝は魚とともに旅をして，親貝と離れたところで生活するのである。

端脚類（amphipods）と呼ばれる甲殻類の仲間も，湖の底生生物として量的に多い動物である。この仲間は，しばしば淡水エビとかスカッド（scuds）と呼ばれることもある。端脚類の多くは腐食者で生物遺骸やデトリタスを餌としている。淡水からは 2000 種ほどが記載されている。湖ではある特定の 1 種が量的に多く見られるが，近年のDNA 塩基配列を調べた研究では，それらのなかにはしばしば隠れた種類，すなわち隠蔽種（cryptic species）がいることが明らかにされている。隠蔽種というのは，形態的には違いがないものの，遺伝的には異なっている種のことである。バイカル湖ではこの端脚類がみごとに適応放散（adaptive radiation）している。そこでは，これまでおよそ 260 種の端脚類が記載されているが，加えて 80 の亜種の他，数百の未記載種がいると考えられている。一方，フォーレルは，盲目蝦（blind shrimp）と呼ばれる端脚類，*Niphargus forelii* がジュネーブ湖の深底層に多く生息していることを観察している（図 22）。残念ながら，この種は，その後ジュネーブ湖では絶滅してしまった。しかし，幸いなことに，スイスの他の湖やドウイツ，イタリアにある山岳湖沼では，今日でも盲目蝦は生息している。北米五大湖では，Diporeia 属の端脚類が底生動物全体の生物量の 50% を占めるという。琵琶湖では，固有種であるアナンデールヨコエビ（*Jesogammarus annandalei*）が 1 平方メートルあたり 6 万 3000 匹も生息していたという記録がある。実際，琵琶湖湖底には，アナンデールヨコエビや渦虫が群れてひとかたまりとなって生息している様子が，自律型無人潜水機（autonomous underwater vehicle：AUV）に装填したカメラで撮影されている。この無人潜水機は，湖底にある温水噴出孔も発見し

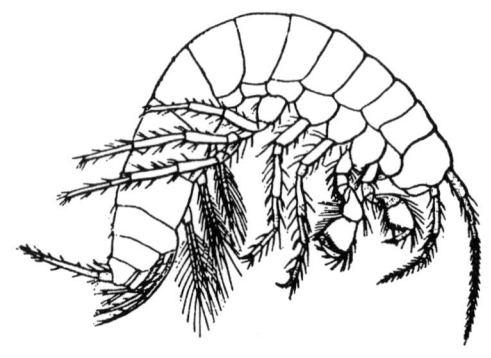

図22 盲目蝦と呼ばれるジュネーブ湖のヨコエビの *Niphargus forelii*

ており，琵琶湖にも地殻活動のあることが明らかにされている。

これら以外にも，湖底にはさまざまな底生動物が暮らしているが，その生物量はさほど多くない。小さい動物としては，ワムシ類（rotifera）やミズダニ，端脚類と同じ甲殻類の貝形類（ostracoda）やソコミジンコ類（harpacticoida），マルミジンコ類（Chydorida）などである。ザリガニも淡水域に生息する動物であるが，地域特有の名称があるところが面白い。たとえば，ニュージーランドに生息しているザリガニ（*Paranephrops* 属）はマウリ語でコウラ（koura）と呼ばれているが，オーストラリアに生息しているザリガニ（*Cherax* 属）はアボリジニ語ではヤビィ（yabby）と呼ばれる。北米南部に生息するザリガニ（*Procambarus clarkii*[19]）は鋏魚クロー・フィッシュ（crawfish）と呼ばれ，南部料理でおすすめの食材として養殖しているところもある。ザリガニ類は雑食性で，湖では沿岸域に生息し，水草，巻き貝，ユスリカ幼虫，カゲロウ幼虫などさまざまな生物やデトリタスなどの腐植物を餌としている。水中の石や水草などに付着して生活する，淡水海面や淡

---

*19 日本ではアメリカザリガニと呼ばれている。

水クラゲのポリプ幼生も多くの湖に生息している。フォーレルが好奇心をそそる世界と述べた湖底は，さまざまな動物が生息し活発に活動する場所であり，深い湖であったとしても，けっして，砂漠のような生物不毛の地ではないのである。

プランクトン食物網

湖の沖帯では，3つの分類群からなる動物プランクトンが，食物網の基底者である植物プランクトンや細菌から炭素やエネルギーを高次生産者である魚類へと転換している。その最初の分類群は，動物界で独自の門をもつ輪形動物門（rotifera：以下ワムシ類と記す）である。この門の名称は，頭盤部に車輪のような二重の繊毛冠（corona）をもち，これを回転するように動かすことに由来する。ちなみに，この頭部の繊毛冠は，回転させるように動いて水流を作り，水中にある懸濁粒子を口部へ導く。これによりワムシ類は餌を捕獲している。ワムシ類は，顕微鏡を使って初めて微小な生物を観察したアントニー・レーウエンフック（Antonie van Leeuwenhoek）によって発見され，「車輪のような動物」と名付けられた。ワムシ類は海洋には少ないが，淡水生態系では量的に多く出現する動物プランクトンである。動物プランクトンのなかでは体サイズは小さく，大きくてもせいぜい 0.2mm 程度で，寿命は 1 世代あたり数日と短い。このため，餌が豊富な永久凍土帯の池や湖では，1L あたり 1500 匹になることもある。ワムシ類の多くは微小な藻類，つまり小さい植物プランクトンを餌としているが，細菌や鞭毛虫などの原生生物を餌としている種もおり，なかにはフクロワムシ属（*Asplanchna*）のように肉食性の種もいる。一方，彼らは，稚魚やカイアシ類などに餌として捕食される。

第 2 の分類群は節足動物門甲殻亜門の枝角亜目（cladocera：以下ミジンコ類）で，体サイズは 0.5 〜 2mm である。この仲間は，86 属が

知られており，海洋に生息するのはそのうちわずか4属で，他は淡水生態系に生息している。湖や池でもっとも普通に出現するのはいわゆるミジンコ属（*Daphnia*）で，英語名では water flea（水蚤）と称されているが，蚤のように寄生する種はいない。他には，ゾウミジンコ属（*Bosmina*）やホロミジンコ属（*Holopedium*）もよく見かける。ホロミジンコ属は，その名のとおり，無色で粘質性の物質を幌のようにして体を覆っているが，これは捕食者に対する防衛形質と考えられている。ミジンコ類は一般に，プランクトン食魚類が餌としてもっとも好む動物プランクトンである。沿岸域の水草帯や湖底などによく見られるマルミジンコ科（Chydoridae）の種も湖では一般的である。ミジンコ類の体は，キチン質でできた甲殻で覆われており，他の甲殻亜門の動物と同様に，脱皮して成長する。種によっては，生涯で20回も脱皮するという。水がよく澄んだ湖では，甲殻がメラニン色素で黒ずんでいることがある（図23）。これは，紫外線などから抱卵している卵を保護するためであると考えられている。マルミジンコ科の仲間は捕食者からの回避に長けており，なかでも，ギリシャ語で泥（ilys）と隠れる（kryptos）という言葉に由来する学名をもつケブカミジンコ属（*Ilyocryptus*）の種は興味深い。ケブカミジンコは網で覆われたような殻に，泥の粒子やデトリタスを纏わりつけるような数十本の毛を生やしており，プランクトンとしてはもっとも不格好である。しかし，泥にまみれることで，周囲から目立たなくしているようである。実際，日本の東北大学で行った研究によれば，ケブカミジンコは泥のなかに潜ることで，沿岸域ではもっとも獰猛な捕食者であるトンボの幼虫（ヤゴ）による捕食から逃れているという。

ミジンコ類は複数の付属肢対を有しており，それぞれの付属肢は機能的に特化している。たとえば，体側にある大きく目立つ腕のように見える第2触覚（2nd antennae）は，遊泳に用いられる。ミジンコくらい小スケールでは，水の粘性が相対的に高くなるが，第2触覚を櫂で

図23 フィンランドの湖で動物プランクトンを採集したところ、体長2mmほどのミジンコ種 *Daphnia umbra* が多数見られた

漕ぐように動かすことで水中を進むことができる。また、甲殻のなかには4〜5対の胸肢があり、それぞれに剛毛（seta）が生え、それらにはさらに刺毛列（setule）があり、水から粒子を濾し取ったり、あるいは静電相互作用により粒子を捕集したりする、フィルターの役割をしている。餌は、主に藻類、つまり植物プランクトンであるが、細菌や原生動物あるいはデトリタスなども含まれる。これら捕集した懸濁態粒子は、頭部下端にある第1触覚（1st antennae）で味や匂いを識別し、顎脚（mandible）と呼ばれる付属肢で口器全面に送り込まれた後、粘質物で球状にまるめ、口のなかに入れて摂食したり、不適な餌であれば外部へ吐き出したりする。

ワムシ類と同様に、ミジンコ類も単為生殖（parthenogenesis）（図

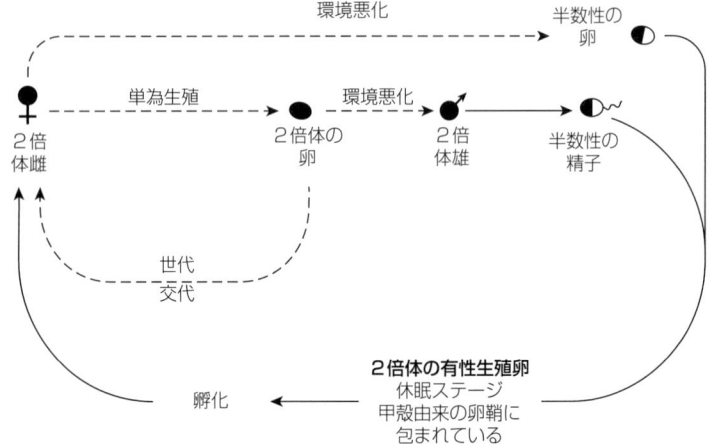

図24 枝角類（ミジンコ類）の生活環：普段は単為生殖で増殖するが，環境が悪化すると有性生殖を行い，休眠卵を産む

24）により繁殖するため，短期間で爆発的に増殖する。このため，干上がった池に水が溜まったときや，一時的にできた水溜りに，いつのまにかミジンコが増えていることがある。個体群のほとんどは雌個体で構成されており，雄と交尾することなく，体の後背部にできる育房に単為生殖卵を産卵する。単為生殖卵は育房のなかで胚発生し幼若個体（neonate）まで育つと親から放出される。種や餌条件にもよるが，親個体の1回あたり抱卵数は200卵に及ぶこともあり，卵から2～3日で幼若個体に成長する。

単為生殖は，安定した環境であれば，個体数を増やしていくのに理想的な繁殖方法であるが，ワムシ類と同様に，生息環境が悪化する場合には有性生殖（図24）にも大きな利点がある。生息環境の悪化とは，たとえば，水温が非常に高くなるといった物理的なストレスや，密度が高くなり餌が不足するなどの生物学的なストレスにさらされたときである。このような状態になると，雌個体は雄になる倍数性（私達と

同じように，遺伝子のセットを2組もつ）の卵と，半数性の卵，つまり遺伝子のセットを1組しかもたない未受精卵を産む。雄個体は成長すると雌と交尾し，精子を未受精卵に受精させる。多くの種では，有性生殖を行うと雌の甲殻の後背部が黒ないし茶褐色に変形，肥厚し，受精した倍数性の卵を包む卵鞘（ephippium）がつくられる。雌親個体が脱皮すると，受精卵はこの卵鞘に包まれたまま放出される。卵鞘に包まれた受精卵は不適な環境，たとえば乾燥や低温に耐えられる。このため，卵鞘に包まれた受精卵は，風や水鳥に運ばれることで，他の湖や池に分散する。また，卵鞘に包まれた受精卵は休眠卵となることで，数ヶ月から数年，あるいは数百年にわたって湖底で休眠し，環境が好転すると孵化し，単為生殖により再び増殖する。

湖に生息する第3の動物プランクトンは，ケンミジンコ類（copepods）もしくはカイアシ類とも呼ばれる一群である。カイアシ類は，海洋ではもっとも多く出現する分類群であるが，湖にも多く生息しており，北米五大湖やバイカル湖のような大きく深い湖では動物プランクトン生物量の大半を占める。ミジンコ類のように，カイアシ類も甲殻亜門に分類され，キチン質の外骨格（甲殻）からなり，遊泳や摂食，あるいは感覚器官となる，複数の付属肢対をもっている（図25）。しかし，ミジンコ類とは異なり，カイアシ類は単為生殖することはなく，つねに，雄と雌個体による有性生殖により増殖する。雌個体は交尾すると卵を産卵し，卵はノープリウス（nauplius）幼生として孵化する。ノープリウス幼生は5ないし6回脱皮してコペポディッド（copepodid）幼生になる。コペポディッド幼生は5回の脱皮を経て成熟し親個体となる。温暖な湖では，卵から1週間程度で成熟する種もいるが，寒帯や高山帯の湖では，成熟までに1年もしくはそれ以上かかる種もいる。カイアシ類も植物プランクトンや原生生物を餌としている。プランクトン食魚にとっては，脂に富む餌となる。しかし，ミジンコ類に比べてすばしっこく早く泳ぐため，プランクトン食

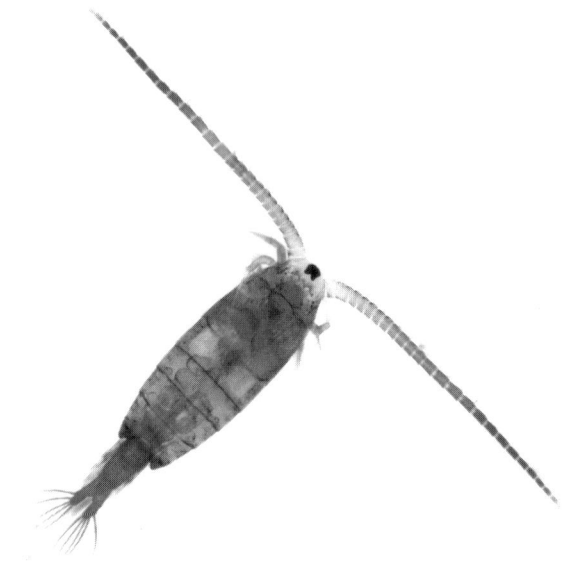

図25 カナダ・ケベック州南部の湖で採集された，体長 2.3mm ほどのカイアシ（ケンミジンコ）類 *Aglaodiaptomus leptopus*

魚にとっては食べにくい餌である。このため，プランクトン食魚が多い湖では，カイアシ類が動物プランクトンとして卓越するようになる。

移動する生物

ワムシ類，ミジンコ類，カイアシ類はいずれもプランクトン生活者で，その分布は湖流や鉛直混合などに大きく影響される。しかし，小さいながらも遊泳する能力をもち，特定の水深に留まるような種もいる。ワムシ類やカイアシ類の幼生など小型の動物プランクトンの遊泳能力は限られたものであるが，大型の動物プランクトンのなかには昼夜で鉛直的に大移動をする種もいる。このような 1 日を周期とした移

動は日周鉛直移動という。この大型動物プランクトンの日周鉛直移動は，フォーレル自身のジュネーブ湖の観測でも触れられている。それによれば，彼が夜に動物プランクトンネットで採集を行ったところ，無数のケンミジンコが採集され，それらが表層に集まっていたというのである。その後のジュネーブ湖での研究で，ミジンコ類は，日中は水温躍層付近やその上部に留まっているが，夜になると10mほど分布水深が上昇すること，カイアシ類では，日中は暗く冷たい深底層に分布しているが，夜になると60mも移動し表水層まで移動することが明らかにされた。

さらに大型の動物プランクトンは，より大深度での日周鉛直移動を行っている。たとえば，タホ湖（Lake Tahoe）には体長25mmになるアミ類（opossum shrimp）が分布している。彼らは日中は湖底にいるが，夜になると数百メートル上昇し表層まで浮上してくる。ただし，このような夜間の浮上は満月の日には見られないという。バイカル湖には，端脚類 *Macrohectopus branickii* という固有種が生息しているが，これは体長38mmにもなる。この湖の主要な動物プランクトンである。この種は，日中は水深100〜200mの水深に群れているが，夜になると表水層まで浮上してくる。このような鉛直移動は，日中は視覚により餌を探す捕食者である魚を避け，夜暗くなると餌を求めて表水層に浮上する適応戦略であると考えられている。このように，湖生態系の沖帯の表水層と深底層は生物環境として独立したものではない。

鉛直移動に対する魚の影響について，興味深い例はフサカと呼ばれる昆虫に関するものである。フサカは体長2cmで，英語では phantom midge（幽霊蚊）と呼ばれる。体両端にある浮力調整用の1対の気泡嚢を除くと，ガラスのように透き通っているためガラス・ワーム（glass worm）とも称されている。ヨーロッパに分布する種のうち，

よく見られる2種類は行動パターンがまったく異なっている。*Chaoborus flavicans* という種は，魚が多く生息している湖沼に分布しており，日中は湖底に留まり堆積物中の餌を摂食している。この種は無酸素にも耐えられ，無酸素の堆積物に頭部を潜りこませてリンゴ酸を基質とする嫌気代謝を行う。しかし，夜になると浮上し動物プランクトンを捕食する。この昼夜鉛直移動は魚がいると特に顕著になるので，本種は魚が放出する化学シグナル（カイロモン）を検知していると考えられている。一方，*Chaoborus obscuripes* という種は魚のいない湖沼に分布しており，トンボ幼生（ヤゴ）などの底生性の捕食者から逃れるため，昼夜いつでも表水層に分布している。

湖の特定の水深だけに分布している魚種もいるが，多くの魚類は湖内のいろいろな場所に移動している。たとえば，表面積が世界最大の湖であるスペリオル湖（82,100km^2，最大水深406m）にはコクチマス属のシスコ（*Coregonus artedi*）が生息しているが，本種は動物プランクトン食魚であるため普段は沖帯に分布している。しかし，秋になると沿岸域に移動して繁殖・産卵する。産卵された卵は脂質に富むため，沿岸域に生息している端脚類の良い餌になっている。沿岸域に主に分布しているコクチマス属のレイクホワイトフィッシュ（*Coregonus clupeaformis*）は，この端脚類を主な餌としている。このため，シスコが産んだ卵は，端脚類を経由して，レイクホワイトフィッシュの栄養源の34%も占めるという。このように，魚の移動は湖生態系のいろいろな場所を生態学的に結びつけている。

湖に生息する魚類の移動先は，必ずしも湖内だけでなく，海に移動する種もいる。遡河性回遊魚（anadromous fish）は，湖などの淡水域で産卵し，卵から孵化した個体は海に下る。このような海への移動は，エネルギーを消費するが，それ以上に海にいる豊富な餌の獲得を可能にする。一方，生まれて間もない稚魚にとっては淡水域には捕食

者が少ないため，生存率をあげるのに好都合である。このような例
は，イギリス島の各湖沼やジュネーブ湖をはじめとする欧州の湖にも
分布するホッキョクイワナ（*Salvelinus alpinus*）である。ホッキョク
イワナはもっとも北の地域まで分布する魚種で，カナダでは北緯83
度の湖でも生息が確認されている。この魚は淡水域にいるときは底生
動物や動物プランクトン，他の魚の稚魚や落下昆虫などを餌としてい
るが，海では魚や端脚類を餌としている。近年，捕獲した個体に発振
器をつけて追跡したり遺伝子解析したりすることで，どの魚種がどの
ように移動しているか，高精度に把握できるようになってきた。

遡河性回遊魚とは反対の移動パターンをもつ魚類，すなわち降河性回
遊魚（catadromous fish）もいる。その一例は，欧州の河川や湖沼・
ダム湖などでよく見られるヨーロッパウナギ（*Anguilla anguilla*）で
ある。衛星タグをとりつけて追跡したところ，ヨーロッパウナギは
5000kmも移動し，サルガッソー海で産卵するという。遊泳速度は1
日あたり10〜30kmにもなり，移動には1年かかり，その間に捕食
されてしまうこともあるらしい。外洋で生まれた稚魚は，メキシコ湾
流を乗り切り，大西洋を超えてヨーロッパに向かう。

あなたは貴方の食べたものでできている

餌の獲得は，湖の食物網を構成しているすべての動物にとって重要で
あり，種によって餌が異なることは動物種の栄養要求や生理的特性が
異なることを意味している。生物が必要とする化学物質のうち，もっ
とも基本要素となる元素について考えてみたい。著名なアメリカの海
洋学者，アルフレッド・レッドフィールド（Arfred C. Redfield）は，
世界各地の海洋の海水を分析し，植物プランクトンを主体とする懸濁
粒子では，炭素106原子に対して，窒素は16原子，リンは1原子か
らなること，すなわち原子量比がC：N：P=106：16：1となること

を提唱した。重量比でいえば，炭素41gに対し，窒素は7g，リンは1gということになる。この比は，その後の研究でほぼ正しいことが実証され，彼の名前にちなんで，レッドフィールド比と称されている。レッドフィールドは，生物が回帰する栄養塩濃度，すなわち窒素とリンの栄養循環もこの比に沿って起こると推定した。

海洋では植物プランクトンの元素の比はほぼ一定であるが，湖では，植物プランクトンの元素比は，生育環境が良い場合にはレッドフィールド比に近い値となるが，多くの場合，窒素やリン不足のため炭素過多となり，レッドフィールド比よりも高い値となるのが普通である。また，動物が成長するためには元素を摂取せねばならないが，必要とする元素比は種ないし分類群によって異なっている。たとえば，カイアシ類（copepods）の場合，リン1gに対して14g以上の窒素が必要であり，ミジンコ類（cladocerans）はリン1gに対して窒素の必要量は7g程度である。このことは，カイアシ類に比べてミジンコ類は，窒素より相対的にリンが必要であることを意味している[20]。このように種ないし分類群によって必要とする元素比が異なる理由は，細胞がもつ細胞小器官の量に依存している。たとえば，タンパク質合成を行う細胞内小器官はリボソームRNA（リボ核酸）であるが，RNAの10%はリンで構成されている。したがって，成長速度の大きな生物は，体構成物質であるタンパク質の合成速度が高いが，そのためには細胞内にリボソームRNAを多く保有せねばならず，そのためにはリ

---

[20] このためミジンコ類はカイアシ類に比べてリン要求量が大きく，湖沼ではカイアシ類に比べてミジンコ類の成長速度が植物プラクトンに含まれるリン量に制限されやすい。同様に，不可欠（必須）脂肪酸や不可欠（必須）アミノ酸も動物は合成できないため，植物プランクトンを食べることでそれら必須の有機物を獲得しているが，有機物が少ない場合には，動物プランクトンはよく成長できない。動物プランクトンの成長や生産速度は，植物プランクトン量だけでなく，その質，つまり不足しがちな元素や必須有機物の含量に強く影響される。

ンを多く獲得する必要がある。このような複数の元素の挙動を食う－
食われるなど生物の相互作用に沿って解析する分野を，生態化学量論
（ecological stoichiometry）と呼ぶ。生態化学量論は，レッドフィー
ルドにより海洋でスタートしたが，生物種による栄養要求の違いや，
それに伴う物質循環への影響など，生物種それぞれがもつ元素とその
比に関する重要性は，湖の研究を通じて深く調べられている。たとえ
ば，占部城太郎と渡辺泰徳がミジンコ類２種の成長に必要な最小の
Ｃ：Ｎ比やＣ：Ｐ比を算出し，湖沼に懸濁する粒子の元素比のほうが
この値よりもしばしば大きいことを明らにしている。このことは，こ
れら動物プランクトンの成長が，餌量ではなくそれに含まれる窒素や
リン量に制限されることを意味している。

食物網を構成する動物にとって，餌の量とその供給量が重要なのはい
うまでもない。実際，動物の成長量，つまり二次生産量は，植物プラ
ンクトンの光合成による生物量，すなわち一次生産量が増加するにつ
れて増加する傾向がある。しかし，生態化学量論で触れたように，植
物プランクトンの質も動物の成長には重要である。たとえば，脂質は
動物の健康や繁殖，生残には特に重要な有機物である。植物プランク
トンが合成する脂質のなかにはオレンジ色や明褐色のものがあり，そ
れを食べた動物プランクトンにそのまま移行する場合がある。たとえ
ば，図25 に示したカイアシ類は，肉眼でもオレンジ色に見えること
があるが，これは植物プランクトンが合成したカロチノイド色素であ
るアスタキサンチンという脂溶性の物質に由来するものである。高山
湖沼に生息する，ある種の動物プランクトンは，有害な紫外線から体
を守るため，このような色素を体に蓄積していることが知られてい
る。また，動物プランクトン種によっては，秋にこのような脂質成分
を体に保存することで，餌の少ない冬季を乗り切るという。

脂質成分のなかで，多価不飽和脂肪酸（polyunsaturated fatty acids，

略して PUFAs と記す），特にオメガ 3 PUFAs である EPA（eicosapen-taenoic acid）は，動物でもまた私達人間にとっても，神経系の発達，視覚，心血管代謝などさまざまな成体機能を調節するホルモン生産などに重要な有機物である。PUFAs は，植物プランクトンによって生合成されるが，多くの水生動物は合成できない。このため，水生動物は PUFAs を植物プランクトン，もしくはそれらを食べている餌生物から摂取せねばならない。水圏研究者にとっても，各水生動物がもつ EPA や他の PUFAs は興味深い有機物である。というのも，それらを調べることで，食物連鎖の様子や各水生動物の栄養状態を把握できる可能性があるからである。これら水圏で植物プランクトンにより生産される不可欠脂肪酸は，湖沼で羽化したユスリカやトンボが鳥などに食べられることで陸上生態系にも移行する。また，脂質は湖への化学物質の汚染を調べる場合にも，鍵となる物質である。殺虫剤などの化学物質は脂質に溶けるため，脂質を通じて食物網に入り，食う−食われるの関係を通じ，食物連鎖に沿ってしだいに濃縮されていく。これが生物濃縮（bioamplification）と呼ばれる現象で，魚食魚など，食物網の上位に位置する生物，すなわち栄養段階の高い生物ほど，高い濃度の有害物質が体に蓄積されることになる。

食物網を解析する有力な方法の一つは，自然界に分布している元素同位体を活用する手法である。どの元素も決められた数の陽子をもっているが，中性子数が異なる場合がある。たとえば，窒素元素のほとんどは 7 つの陽子と 7 つの中性子をもち原子量は 14（つまり，^{14}N）である。しかし，自然界にある窒素の 0.3663% は，中性子を 1 つ余分にもっており，原子量が 15（^{15}N）の同位体である。同位体には放射同位体と安定同位体があるが，^{15}N は原子核が崩壊しない安定な同位体である。動物がこれら元素を取り込むと，原子量によって化学反応速度に差が出てくるため，軽い ^{14}N は窒素代謝によってより多い割合で体に放出される。このため，動物は，餌生物に比べて ^{15}N がより多く

体に蓄積されるようになる。

このような原子量が異なる窒素割合の変化は，ごくごく微量である
が，それでも高感度な質量分析機で分析すれば，その違いを十分に検
出することができる。窒素安定同位体の場合，動物の体では餌に比べ
て ^{15}N がおよそ 3.3 ‰[*21] 濃縮されるという。図 26 はバイカル湖の例
である。バイカル湖の植物プランクトン，たとえば特産種である珪藻
類 *Aulacoseira baikalensis* は，無機窒素を摂取し δ^{15}N 値（^{15}N/^{14}N 値
の大気に対する相対比）は 4 ‰であるという。珪藻はカイアシ類に食
べられ，それはさらに肉食性のカイアシ類に食べられていくなどのプ
ロセスで順次，食物連鎖に沿って移行しバイカルアザラシでは δ^{15}N
値が 14 ‰になる。近年のバイカル湖での研究によれば，細菌など微
生物も夏季の食物網の基盤であり，小型の植物プランクトンを小型繊
毛虫が食べ，それをカイアシ類が食べるという連鎖も高次生産を支え
ているという。

δ^{15}N 値にはいくつかの要因が影響を及ぼすが，そのなかでも食う−
食われるの生物過程がもっとも大きな影響を及ぼす。このような視点
からバイカルアザラシと珪藻の δ^{15}N 値を比べてみると，バイカルア
ザラシは魚だけでなく端脚類も餌としていることが示唆される。生物
がもつ炭素安定同位体比（^{13}C/^{12}C）も各生物のエネルギー源や炭素
源は何かなど生態系に有用な情報を提供するし，海洋生態系では硫黄
安定同位体（^{34}S/^{32}S）も食物網の理解には有用である。また，元素安
定同位体の存在比は，水が蒸発するときなど，液体から気体に変化す
るときも生じる。このため，水分子の水素安定同位体比（^{2}H/^{1}H）
や酸素安定同位体比（^{18}O/^{16}O）も蒸発散や流入などの湖の水収支を

---

*21　‰は 1000 分率（1000 分の 1）の記号で英語ではパーミル（ドイツ語で
はプロミル）。

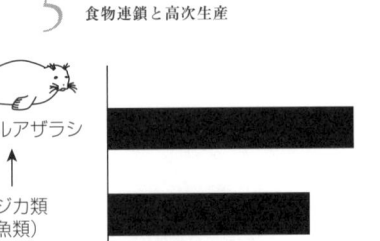

図26　バイカル湖沖帯の食物連鎖：窒素安定同位体比（δ¹⁵N）の値は栄養段
　　　階を上るにつれて大きくなる

調べる際に有用な情報を提供する。

外来種

19世紀後半，フォーレルは，ジュネーブ湖でカナダを原産とする水
草カナダモ（*Elodia canadensis*）がいたるところで繁殖しているの
を，警戒感をもって観察している。この侵入種は当初，魚類の生息環
境を改善するために近隣の小さな池や小川に導入されたものであった
が，ジュネーブ湖全体に拡散してしまった。残念なことに，同様の歴
史は，世界のいたるところで繰り返されている。カナダモなどをはじ
めとするトチカガミ科の水草は，20世紀中盤にニュージーランドに
も侵入し，高さ6mにも達する水中林を湖岸に形成した。その影響で
湖岸環境が様変わりしてしまった場所もある。また，水力発電ダムな

どで繁茂してしまった結果，電力供給にも支障を来すこともあった。一方，ユーラシアを原産とするホザキノフサモ（*Myriophyllum spicatum*）は，カナダに侵入して水源地で繁殖し，水道水の供給障害を起こした。南米原産の浮遊植物ホテイアオイ（*Eichhornia* 属）は，北米南部やアジア，アフリカの湖，たとえばビクトリア湖などで，湖を覆い尽くすように一面に繁殖し，在来種や周囲住民に大きな影響を与えている。琵琶湖南湖では，近年，外来種であるコカナダモ（*Elodea nuttallii*）が，在来種であるクロモ（*Hydrilla verticillata*）とともに繁茂し，航行障害や，湖岸に漂着し悪臭を放つなどの環境問題が生じた。この問題を解決するため，湖岸に漂着した水草を市民みずからの手で取り除く市民活動も行われた。

湖にはさまざまな動物も他地域から侵入しており，その影響は同じ分類群の生息動物だけでなく，湖の食物網全体に及ぶこともある。その典型的な例は，北米モンタナ州にある面積500km^{2}で最大水深116mのフラットヘッド湖（Flathead Lake）で生じた，侵入動物による栄養段階カスケード（trophic cascade）である。この湖の上流にある湖では，1968年から1975年にかけて，アミの1種（*Mysis diluviana*[22]）がサケ科魚類の増殖のために餌生物として人為的に移植された。すると，1980年代初頭にフラットヘッド湖でも生息が確認されるようになり，1980年中頃にかけて急激に個体数を増加させた（図27）。アミはミジンコ類やカイアシ類を餌とする。したがって，アミの急激な増加は，動物プランクトンを消費しその生物量を減少させた。このフラットヘッド湖での動物プランクトンの減少は，それまで食べられ，低い密度に抑えられていた植物プランクトンを増加させることとなった。このように，栄養段階上位の生物（ここではアミ）

---

*22　この種はヨーロッパを原産とする *Mysis relicat* の近似種であり，霞ケ浦などに生息しているイサザアミ *Neomysis awatschensis* とは属が異なる。

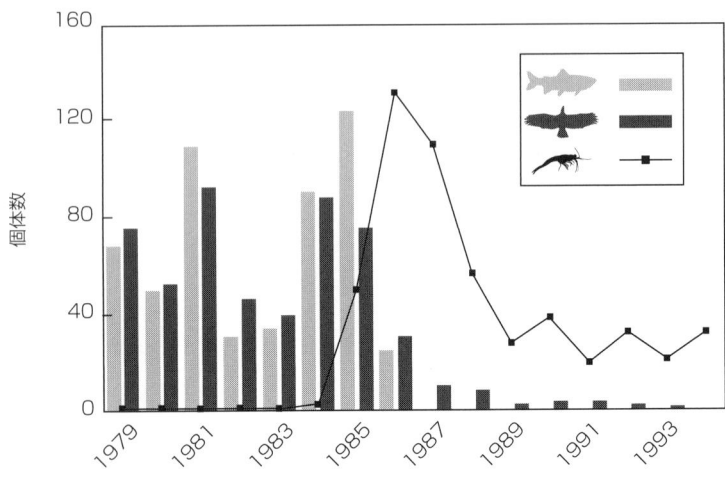

図27 北米・モンタナ州のフラットヘッド湖で見られた外来アミ侵入後の生物群集の変化：図を見やすくするため，在来種コッカニー（灰色の棒グラフ）とハクトウワシ（黒色の棒グラフ）は上流域の繁殖域で観察された数であり，それぞれ実数の1/100と1/7で示している。アミ（黒丸の線グラフ）は湖面積1m²の水柱あたりの個体数で，実数の1/1000で示している

が，その直下（ミジンコ類やカイアシ類）だけでなく，さらに下位の栄養段階（植物プランクトン）の生物量にまで影響を及ぼすことを栄養段階カスケードという。

この湖には，コッカニー（kokanee：陸封型ベニザケの呼称で日本のヒメマスと同種）が放流されていた。コッカニーは動物プランクトンを餌とするが，アミを食べることはない。というのは，アミは日中には深水層に分布し，コッカニーが見つけ出せない夜間に浮上して動物プランクトンを捕食するためである。アミにより，餌となる動物プランクトンが奪われてしまうようになったため，ヒメマスを含むサケ科の魚は激減し，釣り人により毎年10万匹も釣られていたサケ科の魚は，1988年ごろにはまったく釣れなくなってしまった（図27）。これ

には余談がある。その後、アミを駆逐するため、湖の深水層でも摂餌活動をするレイクトラウト（Salvelinus namaycush）がフラットヘッド湖に放流された。これによりアミは減少したが、レイクトラウトの増加は、この湖の特産種であったブルトラウト（Salvelinus confluentus）を絶滅に追いやることになったという。

湖の生態系やその在来種に大きな影響を及ぼす侵入種には、いくつかの共通の特徴がある。それは、成長が早く、生息できる環境幅が広く、高密度で繁殖でき、人間活動に伴って分布を広げられるような能力をもっている、という性質である。排水・取水口などの汚損生物として北米湖沼で大きな被害をもたらしたカワホトトギス貝（Dreissena polymorpha、通称ゼブラ貝）は、そのすべての特徴を具えている。この貝の原産地はカスピ海地域であるが、18世紀から19世紀を通じてヨーロッパ各地で運河が整備されたことで分布が広がり、1824年にはイギリスでも生息が確認されるようになった。北米では、1988年に五大湖でカワホトトギス貝の生息が確認された。この分布拡大は、他の侵入種と同様に、船舶のバラスト水への混入によるものと考えられている。1990年になると五大湖のあちこちでカワホトトギス貝の繁殖が確認され、現在ではミシシッピー川全域に広がりつつある。近似種であるクワッガ貝（Dreissena bugensis）も、ほぼ同じ時期に北米五大湖に侵入し、やや深い泥質の湖底で繁殖することで、問題を起こしている。

カワホトトギス貝は1回の繁殖期に100万の卵を産卵し、孵化するとベリジャー（veliger）幼生となる。カワホトトギス貝は固着性であるが、ベリジャー幼生は浮遊したり遊泳したりすることで、分布を拡大できる。この貝は、1ヶ月ほどのベリジャー幼生期を過ごした後、新しい生息地に着底し成長する。その生息密度は$1m^2$あたり、数百から数千個体になることがある。このためカワホトトギス貝は火力や

原子力発電所の冷却水用の取水管や水道供給用のパイプ内に取り付いて繁殖し，取水を滞らせることで，深刻な問題を引き起こした。カワホトトギス貝は濾過食者であり，1個体で1日に湖水を1Lほど濾過するという。これは，湖水に懸濁する細菌や植物プランクトンを根こそぎ取り除いてしまう勢いである。この結果，たとえばエリー湖（Lake Erie）では，1日あたり濾過量が湖水2杯分に相当するほどのホトトギス貝が繁殖し，その結果，湖水中の珪藻類が80〜90%も減少したという。さらに，この植物プランクトンの減少は，動物プランクトンを減少させ，その影響は魚類にまで及んだ。ホトトギス貝の侵入は，湖の食物網の主要生物をプランクトンから底生生物へと変化させたのである。そればかりでなく，五大湖特産のイシガイ科の貝類の生息場所をも奪うこととなった。ホトトギス貝の旺盛な摂食活動は，湖水を濾過することで湖の主な一次生産者を，植物プランクトンから，湖底に根をはって繁殖する水草へと変化させる，いわゆるレジュームシフト（regime shift：第7章参照）を引き起こす可能性がある。

侵入種問題は，近年の地球環境変化とも無関係ではない。温暖化など地球環境変化によって，生息に不利な水温になることで，在来の動物や植物種，さらには在来微生物の競争能力を弱めることになる。さらに，温暖化すると，温暖な地域や熱帯に生息する生物種が，これまで水温が低く侵入できなかった地域の湖にも，容易に侵入できるようになる可能性がある。湖生態系やそこに棲む生物をこれら脅威から守るうえで，国立公園や保全区域の設定は，今後ますます重要である。そのためにも，外来種が不用意に侵入しないよう，地域の土地利用や人間活動を慎重に考えていく必要がある。

6 極限の湖

私達が日頃見ている湖面の水は深くなってもその性質は変わらないのだろうか，もしそうでないなら，どのように変わるのだろうか。

F. A. Forel

普段目にしている湖面の様子から，水面下で湖水がどのように変化しているか知るのは難しい。実際，いくつかの湖では想像できないような変化がある。その端的な例は，南極のマクマードドライ渓谷（McMurdo Dry Valleys）にある年中氷で覆われているバンダ湖（Lake Vanda）である。この湖の氷にドリルで穴をあけ，水温計を下ろして水温を測定したところ，驚くべきことに水温は水深が下がるとともに徐々に上昇し，湖底では 26 ℃ に達したという。冷たい氷の下に温かい水が存在できるのは，塩分によるものである。バンダ湖の表面は，厚い淡水の氷で覆われているが，湖底の水はなんと海水の 3 倍もの塩分を含む重い水だったのである。この現象が生じる理由については，少し論争になったが，湖底の温かい水温は太陽熱の蓄積効果によるものであることがわかった。すなわち，毎年，毎世紀，非常に長期間にわたって短い夏の日差しが透明な湖面の氷を透過することで，塩分濃度が高く密度の高い湖底の水がごくわずかずつ温められ，今日のような高い水温に達したというのである。

極限の湖とは，通常では考えがたい物理学，化学，生物学的な特徴を

もつ水体のことで，科学的にとても興味深い場所である。塩分を豊富に含む湖，塩水湖は世界各地にあり，食物網は単純でありながら，生物生産が高いため，しばしば渡り鳥や大型水鳥などの餌場や生息場所になっている。極域の湖沼や高山湖沼は氷や雪に強く影響され，結氷時期や雪解け時期などを介して，わずかな温度変化にも鋭敏に反応する。このような高緯度・高標高の湖は過去や現在の気候変化を知る手がかりを提供するとともに，湖の微生物や生物地球化学過程を研究する良いフィールドにもなる。その他にも，アルカリ水や酸性水，あるいは温泉を湛える湖や定期的にガスや光熱水を吐き出すような，住民にとっては危険きわまりない水体も，極限湖沼といえるだろう。

これら極限の湖では，極限環境でのみ成長できる微生物だけが生存を許される。これら極限環境生物には，塩分濃度の高い生息場所を好む好塩菌（halophile），冷たい水に適応した冷水菌（psychrophile），pHの低い環境で生活する好酸性菌（acidophile）などが含まれる。これら極限環境生物に関する生化学やゲノムの研究は，生命の起源や進化，その限界などに関する研究の推進に役立つばかりでなく，極限に耐えうる新たな有機物の発見を通じて，薬学やバイオテクノロジーでも得がたい知見を提供する。

塩水湖

H_2O のさまざまな特徴のうち，特に興味深いのは非常に高い誘電率である。これは，水そのものが，溶けたイオンを安定化する正と負の電荷をもつ極性溶媒であることを意味している。この誘電特性は第3章で述べたように水分子の電子雲が非対称であることに起因している。これにより，基岩や土壌を水が流れるときにミネラル類を浸出させ，しばし高い濃度で水に溶存させることができるのである。まさに，この溶け込んだミネラルが水の塩分である。塩分濃度は，1Lあ

たりに溶け込んだミネラルの重さとして測定され，水 1L は 1kg なので 1000 分率（‰）で表されるが，近年では psu（practical salinity unit）という単位が用いられている。海水は 35 ‰すなわち 35psu であり，塩分は主に陽イオンであるナトリウムイオン（Na^+），カリウムイオン（K^+），マグネシウムイオン（Mg^{2+}），カルシウムイオン（Ca^{2+}），および陰イオンである塩素イオン（Cl^-），硫酸イオン（SO_4^{2-}），炭酸イオン（CO_3^{2-}）から構成されている。

これら溶存物は主要イオンと呼ばれ電子を伝えるので，水の電気伝導度から塩分濃度を測定することができる。湖や海洋の研究者は，一般的に CTD と呼ばれる測定器で温度や塩分濃度を測定している。CTD というのは，伝導度（conductivity），水温（tepererature）および水深（depth）測定のセンサーを具えた水中機器で，船上からロープなどで水面下にゆっくり下ろしていくことで鉛直的に連続してこれらデータを記録することができる。伝導度はジーメンス（Siemens）もしくはマイクロ・ジーメンス（μS）という単位で測られ，温度 25 ℃に補正した値は比伝導度（specific conductivity）と呼ばれる。

一般的な淡水湖沼では，電気伝導度は 50 ～ 500μS/cm であるが，塩水湖のなかには電気伝導度が 50,000μS/cm と，海水よりも高い湖もある。そのような塩水湖は，たとえば好塩性の鞭毛藻 *Dunaliella* や高い塩分ストレスに耐える生理特性を有する塩耐性古細菌などの生息場所になっている。南極ヴェストフォール丘陵（Vestfold Hills）にある深い湖では塩分濃度が 270psu と非常に高いため結氷することがなく，周囲の陸地が凍りついている真冬でさえ，船を漕いで湖の中ほどまで行くことができる。とはいうものの，水中に入らないほうが無難である。というのは，その湖の水温はマイナス 18 ℃だからである。

塩水湖の占める割合は多く，世界一の記録がいくつもある。世界で一

番大きい湖であるカスピ海（Caspian Sea）の面積は 371,000km^2 で最大水深は 1025m である。その塩分濃度は，海水よりは薄く 12psu であり，溶存しているミネラルは海ではなく陸起源である。一方，黒海（Black Sea）は地中海とつながっているため，湖ではなく海である。他の塩水湖と同様に，カスピ海は地殻変動によりできた古い水体であることから，カスピカイアザラシ（*Pusa caspica*）をはじめとする多くの特産種が生息している。世界でもっとも古い湖の一つといわれているキルギスタンの天山山脈にある，現地の言葉で温かい湖という意のイシク-クル湖（Lake Issyk-Kul）の塩分濃度は 6psu である。この大きく深い（面積 6,300km^2，水深 702m）湖は，バイカル湖と同じくらい古く，固有種を含む多様な生物が生息している。死海（Dead Sea）の水面は，海抜より 400m も低く，世界でもっとも低地にある湖として有名であるが，同時に塩分濃度がもっとも高い湖の一つで，塩分は 342psu と海水の 10 倍である。塩水湖は，チベット高原やボリビアやペルーの高地など，高い標高地域にも点在している。いずれも特徴的で興味深いが，塩水湖はしばしば有用ではない湖と考えられてきた。それは，遠隔地にあったり，塩分を含む湖水が飲料水や灌漑用水には不向きであったりしたためである。しかし，渡り鳥にとっては必要不可欠な場所であり，その場所にしかいない多数の固有種が生息しているため，世界のいくつかの地点では塩水湖が生態系保全の最前線となっている。

北米カリフォルニアのモノ湖（Mono Lake：図 28）での長期にわたる論争とその成功裏に終わった保全活動に見るように，塩水湖をめぐってしばしば価値観の対立があった。1860 年代初頭，この地域を訪れたマーク・トウェイン（Mark Twain）はモノ湖を，荒涼とした地域に横たわる船一つない静かで荘厳な場所と呼んだ。しかし，他の塩水湖と同様に，モノ湖は素晴らしく美しい場所であり，さまざまなプランクトンや無数の水鳥達が群れを成す場所である。湖水は炭酸，

図28 北米・カリフオルニア州のモノ湖で見られる石灰華の塔（tufa tower）

塩酸，硫酸を豊富に含むため3種の水といわれている。この湖の水に
手をつけてみると，ヌメヌメして泡立つような感じがするだろう。そ
の手をこの砂漠地帯の太陽で乾かすと，薄手の手袋でもしたかのよう
に塩の薄い被膜で覆われた感じになる。

モノ湖には地下水が流入している。地下水に含まれるカルシウムが湖
の塩水と反応すると，炭酸カルシウムとなり方解石が析出する。これ
が，石灰華の塔を形成し印象深い風景をつくりあげる。この過程に
は，石灰華の表面で繁殖するラン細菌が一役買っている。ラン細菌が
光合成のために CO_2 を吸収することで，炭酸カルシウムの沈殿が起
こりやすくなる方向に，炭酸平衡を変化させるのである。この湖の周
囲にある印象的な石灰華の塔は，過去から現在に至る水位変動により
できたものであり，その高さは数メートルにも達する。

モノ湖はカリフォルニア・シエラネバダ山脈の東側に位置し，グレー

トベイスン（Great basin）と呼ばれる標高の高い広大な砂漠地帯に接している。この一帯には多くの淡水湖沼があったが，水の蒸発散により干上がった結果，塩の平原と塩水湖が残った。そのうちのもっとも大きな塩水湖が，ユタ州にある表面積 4,400km^2 で最大水深 14m のグレートソルト湖（Great Salt Lake）である。この湖の塩分濃度は 50 〜 270psu で，水位により変動する。このグレートソルト湖をはじめとして，モノ湖やカスピ海は無流出湖（endorheic lake）と呼ばれ，流出河川をもたない。モノ湖での大きな蒸発散量は毎年，シエラネバダの雪解け水をはじめとする河川からの流入する淡水と釣り合っている。しかし，ロスアンジェルスの水管理者は人口増加に見合う水を確保するために，本来ならモノ湖に流れるべきシエラネバダからの水を市街地に引き込むことにした。その試みは，まず 1941 年に行われた。その結果，モノ湖はそれ以後，徐々に面積が縮小するとともに塩分濃度も上昇した。1940 年代から 1970 年代にかけて湖の水位は 15m も下がり，塩分濃度は 40psu から 80psu へと増加した。ロサンジェルス市の水の需要は，すでに当地域にある無流出湖であるオーエンス湖（Owens Lake）を干上がらせてしまっていた。モノ湖も，同じ運命をたどるところであった。

幸いなことに，1976 年，カリフォルニア大学デービス校とスタンフォード大学の学生がチームを組んでモノ湖の生態を調べるサマープログラムを立ち上げた。彼らの研究は，この湖の生物生産が大きいこと，2 種の生物がその根幹を担っていることを明らかにし注目された。2 種のうちの 1 種は，アルカリハエ（*Ephydra hians*）という，かつてこの地域の先住民が食物として利用していたハエ目の昆虫で，その幼虫や蛹は湖沿岸を生息場所としていた。もう 1 種はブライン・シュリンプ（*Artemia monica*）で，その個体群密度は毎年数兆個体に達するという。このブライン・シュリンプは，塩分耐性のあるわずか 3μm の *Picocystis* という緑藻類を餌としていた。

モノ湖での学生達による研究は，アルカリハエやブライン・シュリンプが，さまざまな，しかも数多くの渡り鳥の餌となっていることを突止めた。モノ湖は渡り鳥にとって重要な経由地であり，毎年5万羽のカモメ，8万羽のヒレアシシギ，数百万羽のハジロカイツブリ等々，数多くの鳥が訪れ利用していた。そこで気づいた重要な問題点は，このまま水位が低下し塩分濃度が増加すると，ブライン・シュリンプが絶滅してしまう可能性である。これは，この湖の食物網の崩壊を意味している。さらに水位が低下すると，湖に点在していた小島が陸とひとつづきになり，安全な島で営巣していたカリフォルニアカモメなどの雛がコヨーテなどの捕食者に襲われるようになってしまう。そこで，この研究チームのメンバーであったデビッド・ゲインズ（David A. Gaines）はモノ湖委員会を設立し，ロスアンジェルス市を裁判で訴えるとともに，モノ湖の生態系の重要性について一般市民に理解してもらう啓蒙活動を始めた。この委員会は，15年もの長期にわたって裁判を行い，そのたゆまない努力により法的に勝利を収め，また政治的なサポートを得ることができた。モノ湖は，現在，ユニークな保全公園となり，毎年多くの観光客が訪れている。もちろん，多数の渡り鳥の群れが毎年訪れていることはいうまでもない。

極域と高山の湖

高緯度や高標高にはさまざまなタイプの湖がある。北極域の河川河口デルタに無数にできる三日月湖，カナダ北域にある表面積 31,153km^2 で最大水深 446m のグレートベア湖（Great Bear Lake）のような広大で深い湖，一年中成層している南極のバンダ湖（Lake Vanda），バルセロナ大学に生態学科を創設した著名な生態学者，ラモン・マルガレフ（Ramon Margalef）が研究した，ピレネー山脈の海抜 2240m にある最大水深 73m で清澄なレドン湖（Lake Redon）のような高山湖などがある。このようにさまざまなタイプの湖があるが，高緯度や高

山の湖沼にはいくつもの共通点がある。それは，市街地から遠くはなれていながら，手付かずがゆえに人為的な影響を受けやすい点である。このため，これら湖は重金属や有害有機物の長期にわたる歴史，すなわち暴露量の経年変化を追跡するのに好都合である。たとえば，レドン湖では DDT や PCB のような有害有機物が，これらの生産と使用が禁止されてから数十年もの後で湖水から検出された。これは，これら有害物質が数千キロメートル離れた場所にも拡散していること，生物圏の有害物質を削減するためには国境を超えた取り組みが必要であることを意味している。これ以外にも，高山のレドン湖は，近隣地域で使用されたさまざまな有害物質，たとえば南欧の農業地帯で使用された有機塩素系殺虫剤などの汚染が生じていた。このように，高緯度や高標高の湖は地球化学の非常に興味深い研究対象である。また，高緯度や高標高の湖では低温耐性をもつラン細菌種など特異的な微生物が，見つかることもある。このように孤立した湖は大洋に浮かぶ島のような生息地なので，固有のラン細菌や藻類，原生動物などがその湖特有の生物群集を形成していることも稀ではない。

高緯度・高標高の湖には，それ以外にも共通点がある。それは，いずれも氷雪圏，すなわち雪や氷の環境と密接に関係していることである。これらの湖は，年のほとんどは厚い氷や雪で覆われている。氷の上に雪が厚く積もると，氷の下にある湖水へ届く太陽光が減るため一次生産を制限することになり，特に極域では4ヶ月にも及ぶ白夜により植物プランクトンの光合成はほとんど行われなくなる。地球温暖化は，春の雪解けを早めたり晩夏の結氷を遅らせたりすることで，これら湖の生態系に大きな影響を及ぼすことになる。この温暖化効果は，たんに光合成が行える期間を長くするだけでなく，鉛直混合の増加により湖底の栄養をより多く表層にもたらして藻類の成長を促進することになる。一方，氷や雪に覆われなくなるため，湖水に紫外線が直接当たるようになり，生物生産や種組成が変化する可能性がある。

このような高緯度・高標高の湖で特に繁殖に成功してきた生物群は好冷性（psychrotolerant），すなわち極端に低い水温や氷中でも耐えられるラン細菌の仲間である。ただし，これらの微生物も温度が上昇するとよく成長するので，必ずしも冷たい環境を好んでいるわけではないだろう。これらラン細菌の群体は砂や粘土粒子と付着し，多糖類などの細胞外粘質物で互いに接着し，塊となることでヌルヌルした微生物マット，あるいはバイオフィルムを，湖底や川底に形成する。このマットは，ラン細菌がもつカロチノイド色素により明るいピンク色やオレンジ色を呈し，しばしば数センチから数十センチの厚さになる。この厚いマットは，強い日差しに含まれる有害な紫外線B波から，内部の微生物を守る機能がある。このようなマットが発達すると，湖の底に不思議な景観ができる。たとえば南極のウンターゼー湖（Lake Untersee）の湖底には，ラン細菌から成るマットによりドームのような構造がいくつもできる。地球の最初の生物化石といわれているストロマトライト（stromatolite）が，このように生息していたのではないかと思わせるような景観である。

冷たく氷で覆われた湖水では，ラン細菌は，光合成を効率よく行うための，赤色や青色のフィコビリタンパク色素（phycobiliprotein）を多くもち，しばしばコケ類と関係をもちながらマットやバイオフィルムを形成している。このラン細菌を主体とするマット状の群集は，高緯度・高標高の湖では主要な一次生産者であり，生物量に占める割合も多い。その組成を調べた研究によれば，ラン細菌が主要な構成種であるが，それ以外にも数百から数千にのぼる微生物，細菌，アーキア（古細菌），ウイルスの他，珪藻や原生動物，微小な無脊椎動物などの真核生物も共在しているという。これは，ラン細菌からなるバイオフィルムが，これら生物にとって非常に栄養に富んだ生息場所であることを示唆している。

また，地球のほとんどが氷で覆われていた7億2000万年〜6億3500

万年前，氷が温んでできた水溜まりにこのようなラン細菌からなるバイオフィルムが形成され，それが原生動物をはじめとする多くの真核生物の避難地になっていたのではないか，という説もある。実際，今日でも局地や氷河地帯ではそのような群集が観察される。日本の極地研究所はカナダの陸水学者と共同研究を行い，氷河と同様に，南極の氷が溶けた水にもラン細菌と密接に関係したカビ類が存在することを発見した。後の研究で，それはイースト菌の新種であり，南極大陸固有の種であることがわかった。このように，極地に生息している多くの微生物は，研究者による発見を待っているのである。

高緯度・高標高の湖は，生態系を支えるうえで各元素の循環がいかに機能しているか，またそれが周囲からの物質流入にどのように影響されるか，などを調べ理解する優れたモデルシステムである。この自然の実験室とでもいうべき湖の例は，南極ドライバレーにあってつねに成層している湖沼群，バンダ湖（Lake Vanda），フリクセル湖（Lake Fryxell），ホア湖（Lake Hoare），ボニー湖（Lake Bonney），ジョイス湖（Lake Joyce），マイヤー湖（Lake Miers）などである。これらの湖は，部分循環湖（meromictic lake）と呼ばれ，塩分成層により鉛直循環が湖水の上層部だけに限られている湖である。このような，塩分によってつねに成層している湖は，その反対側の極地，カナダの高緯度地域にも存在している。それらの湖は，1969 年にカナダが行った軍事作戦の際にたまたま見つかったもので，無機的に A 湖，B 湖，C 湖などと名付けられた。この冷戦の産物ともいえるつまらない名称はその後も用いられているが，興味深いことに，この名称は，それら湖沼の特性を示している。

北緯 83 度にあり最大水深 128m の A 湖は，5000 年前まで大西洋とつながっていたフィヨルドだった場所であり，イヌイット語で世界の頂上という意味をもつ「クティニャパーク（Quttinirepaaq）」という名

の国立公園にある。北極の氷棚が溶けると，それまで陸地の上にのしかかっていた氷の重力圧から開放される。これにより，フィヨルドの一部が隆起し，陸側の奥部が大西洋から切り離されて湖が形成されたのである。雪解け水や氷河から溶け出した水は，塩分濃度の高い海水起源の水と混ざらないため，この湖の上層に流入し滞留する。この結果，A 湖では現在でも，塩分濃度には鉛直的な変化が見られる（図29）。すなわち 11 m 以浅の氷直下の表層には電気伝導の低い水が停滞しているが，11m 以深では塩分濃度が急激に上昇し，深底層には数千年前に流入した古い海水が滞留している。

このA湖における塩分濃度の鉛直パターンは地質的な歴史を，一方温度の鉛直パターンはごく近年の変化を記録している。図 29 に示した温度の鉛直パターンを見ると，塩分濃度が低く温かい水の流入などにより，水面の氷直下では湖水が夏季に温められるが，水深とともに水温は低下することがわかる。ところが，さらに深くなると水温は上昇に転じ，水深 22m でもっとも高くなる。南極のバンダ湖のように，

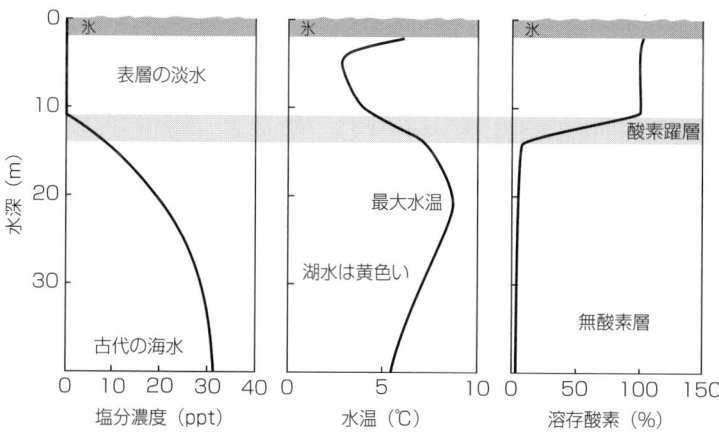

図29 カナダ高緯度地域の A 湖で観察される氷冠下の塩分，水温，溶存酸素の鉛直プロファイル

この層の温かい水温は，太陽光が水面の氷を透過してこの水深まで届き，それにより徐々に温められて形成されたものである。

A湖の表層は酸素が十分にあるが，これは周囲から酸素が豊富な雪解け水が流入するためである。しかし，深くなると溶存酸素濃度は急激に減少して検出限界以下となる。それ以深では湖底までほぼ無酸素である。このような酸素濃度の鉛直的な変化は，湖水の色や匂いが変わることで，知ることができる。たとえば，水深28〜30mでは湖水が黄色を呈するが，これは緑色硫黄細菌（green photosynthetic sulfur bacteria）によるものである。この緑色硫黄細菌は光合成を行い二酸化炭素から有機物を合成するが，電子供与体としてH_2Oではなく硫化水素を利用するため，酸素は生じず，黄色の硫黄粒子を産生する。30m以深の湖水を採集すると，この硫化水素により腐った卵のような匂いがする。

核酸（DNAやRNA）の塩基配列の解読など，分子生物学的なアプローチは，湖水に含まれる微生物が鉛直的にどう変化していくかを調べるうえで極めて効果的であり，現代の湖沼研究では必須の手法となっている。これまで述べてきたように，細菌やアーキア（古細菌）など微生物のほとんどは培養不可能であるし，形態的にも識別しがたい。しかし，近年発達してきた分子生物学的な手法を用いれば，これまで検出しがたかった生物地球化学的プロセスや微生物の多様性を明らかにすることが可能となってきた。DNAを抽出し，A，G，C，Tという頭文字で識別される核酸塩基の配列を読めば，群集を構成している各微生物種だけでなく，系統樹で示されるような，それら種間の遺伝的あるいは系統的な関係や，微生物群集間の種組成の類似性なども把握することができる。この手法で強力な点は，得られた塩基配列をGenBankのような国際的なデータベースに登録することで世界中の研究者が知見を共有し，それらを解析に利用できることである。現

在まで，2億件以上の微生物の塩基配列データが GenBank に登録されている。

この分子生物学的なアプローチを A 湖に適用して得られた研究結果を紹介したい（図30）。まず，溶存酸素が急激に減少する水深10～12m で湖水を採集した。というのは，この層には酸素が十分にある水とほとんどない水が存在しており，生活様式の異なるさまざまな微生物の生息場所があるため，なにか新しい微生物の発見が期待できるからである。そこで，この微生物種の判別に有用であるとされている細胞のリボゾーム遺伝子をコードしている DNA の塩基配列を調べた。その結果，A 湖から3タイプの微生物が検出され，いずれもアーキアに属する種で，系統的にアンモニウムを亜硝酸に酸化する *Nitrosopumilus maritimus* という種に近縁であった（図30：図中にある

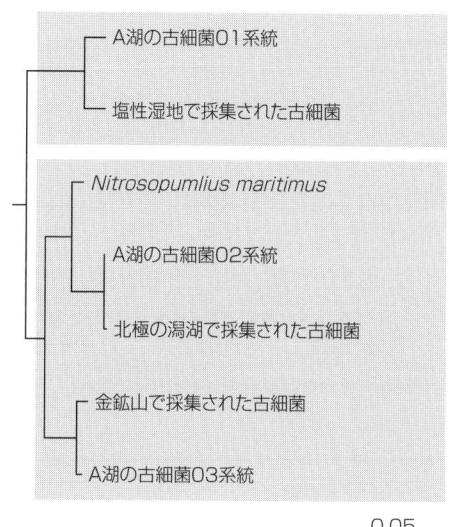

図30 A 湖で採集されたアーキア（古細菌）3系統の遺伝解析による系統樹：それぞれの系統には，他の湖で見つかった近似種がいる

0.05 のスケールバーは，DNA 塩基配列が 5 ％異なることを示す）。A 湖の水深 10 ～ 12m 層は，表層の酸素が深層に向かって拡散する一方で，深層にあるアンモニアが表層に拡散する層である。このため，この水深は，アンモニウムを酸化することでエネルギーを獲得するアーキアについて理想的な場所なのであろう。

DNA 塩基配列を調べる方法は，極域の水圏環境，たとえば氷底湖（subglacial lake）のさまざまな側面を調べるのに役立っている。氷底湖とは南極大陸の数百から数千メートルもの厚さの氷河の下にある湖で，凍ることのない水体である。はじめて氷底湖の存在が確認されたのは，1957/58 年の国際地球観測年であり，予期せぬことに，南磁極の近くにあったソ連の観測基地である，ヴォストーク観測所の真下から見つかった。音響測深観測によれば，この観測所の下に 3750m の氷があり，驚くべきことに，その下に水深 1000m にも及ぶ水体，すなわち湖が横たわっていたという。この湖はヴォストーク湖（Lake Vostok）と名付けられ，さらにくわしく調べたところ，面積は 14,000km^2 に及び，その容積は 5,400km^3 に達することがわかった。この容積は，たとえばオンタリオ湖（1,640km^3）など，世界の他の多くの巨大湖の湛水量よりも多い。この氷河の底にある湖の発見は，科学的にも，また一般市民にとっても，きわめて興味深いものであった。たとえば，このヴォストーク湖には生物が生息しているのだろうか？ もしいるとしたら，太陽光なしで数百万年もの間どうやって生態系が維持されてきたのだろうか？ などなど，さまざまな疑問が湧き上がった。

ヴォストーク湖に生命がいるかどうかは，特に宇宙生物学者の興味を惹いた。宇宙生物学者は，地球の生命の起源や化学進化，またその限界について研究しており，地球以外で生命が宿る環境とはどういうものかを調べている。水は地球だけでなく，太陽系の他の場所，たとえ

ば木星の一番小さい衛星で厚い氷に覆われたイウロパ（Europa）や，土星の6番目に大きい衛星であるエンケラディス（Enceladus）でも見つかっている。ヴォストーク湖は，それら衛星にあるだろうと予想される生態系とよく類似した環境であると考えられる。このためヴォストーク湖は宇宙生物学者の関心を集めたのである。そこで，この湖から微生物や化学試料を採取するために，地表生物の混入がないよう，無菌で氷を掘削する手法の開発が必要となった。一方で，南極大陸にはこのような氷底湖がたくさんあるのではないかという疑問も生じ，実際に調べたところヴォストーク湖ほどは大きくないものの，数多くの氷底湖が南極大陸に存在していることが明らかにされた。それらの湖はアマゾン流域のように広大な地域にあって，互いに水の流れを介してつながっているという。南極大陸の氷の下には，世界でも最大級の大きな生態系が存在していたのである。この生態系は，下流に水を流出させることで南極海沿岸にも大きな影響を及ぼしている可能性がある。さらに，地球物理学者にとっても，この氷底湖は興味深い場所となった。なぜならこの氷下の水の存在が，南極大陸を覆う氷河の安定性や動きに大きな影響を与えている可能性があり，それは海洋における海水の循環や水位，さらには地球全体の気候にも影響を及ぼすことになるからである。

氷底湖から試料を採集するという試みは，経験不足のために，やや苦い結果になった。ロシアの研究チームは当時，地球の気候変化の歴史を調べるため，ヴォストーク観測所でドリリングを行い氷柱コアの採集を行っていた。この，長さ3.4kmに及ぶ氷柱コアは過去40万年から現在に至る二酸化炭素など温暖化ガスの自然界での変化を調べることが目的であった。その結果，現在の人間活動による温暖化ガスの増大は，過去の最大値よりもはるかに上回っていることが明らかにされたのである。2012年2月，ついにドリルの刃先は氷河を貫通し，湖に達した。しかし，この間，数十年にわたるドリリングの期間，ロシ

アチームは，空けた穴が凍らないように，航空燃料にも用いられるケロシンを充填していた。このため，湖から得られた試料にはこれらの物質が混入しており，その試料からヴォストーク湖本来の生物を調べることが困難となってしまった。2012年12月には，イギリスのチームが南極大陸西側3400mの氷河の下にある水深150mのエルスワース湖（Lake Ellsworth）で湖水採集のためのドリリングを行った。彼らは，氷底湖の試料に人為的な混入が生じないように無菌高温水を用いた採集システムを用いた。しかし，残念なことに，300m掘り進んだところで燃料切れとなってしまった。

2013年1月，今度はアメリカチームが南極大陸西側のウィランス湖（Lake Whillans）で地表からの微生物や化学物質が混入しないようにした温水ドリリングを用いて調査を開始した。この氷底湖は，地表の氷河の標高が変わることから，定期的に水の流入と流出があることがわかっていた。調査を開始したときは，氷河の800m下にあり，水深は2.2mであった。チームは，湖水採集に成功し，DNAの塩基配列を調べることで，得られた湖水に含まれる微生物群集の解析を行った。その結果，カナダ北極域のA湖で発見されたアンモニウムを酸化するアーキアの仲間や，北極の永久凍土地帯から単離された亜硝酸を酸化する細菌の近似種など，この氷底湖から得られた湖水試料には実に多様な微生物が存在していることがわかった。この氷底湖からは堆積物の試料も採集され，その表面からはメタンを消費する細菌が，また堆積物中にはメタンを生成するアーキアが見つかった。

氷底湖については，まだまだ多くの謎が残されている。たとえば，氷底湖の微生物群集には真核生物やウイルスのような寄生者がいるのか，また，ウィランス湖で明らかにされた微生物群集は南極大陸に無数にある氷底湖の生物群集をどれだけ代表しているのか，などである。しかし，ウィランス湖で最初に得られた成果は，氷底湖には生き

た生物による生態系が形成されており，ある微生物は無機物をエネルギー源にし，他はそれら微生物が産生した有機物をエネルギー源にするなどして群集が維持されていることを示している。今後，南極大陸の氷底湖は極限“陸水学”の最先端のフィールドとして注目されるだろう。たとえば，地球が厚い氷で覆われていた時代，生命はどのように氷の下で生き延びたかなど，他では得られない興奮する知見がこの先数十年得られる可能性があるからである。

熱水湖

極域や高山にある冷たい湖と対象的なのが，地熱水，すなわち温泉を湛えている湖であり，それら湖もやはり湖沼や微生物研究者の興味を惹きつけている。というのは，ここも生物の生存に厳しい環境だからである。とはいえ，驚くべきことに，極端に低い pH や灼熱ともいえる高温水でも繁殖できる多様な極限環境微生物が分布している。ここでも，DNA 塩基配列を用いた解析が有用であり，それにより，極端な環境に生息している特異的な微生物や，その生き残り戦略の解明に役立っている。このような湖に生息している微生物が産生する有機物は，商業的にも価値のある可能性があり，熱水生態系に生息している微生物の資源探査により，バイオテクノロジーや微生物活性を利用した産業での新たな製品が生産されるようになっている。そのなかで有名な製品の一つは，タックポリメラーゼ（Taq polymerase）という酵素である。Taq とは，米国イエローストーン国立公園の熱水池から単離された微生物，*Thermus aquaticus* の種名を略したものであり，その微生物がもっていた酵素により，DNA 塩基配列の解析に必須となるポリメラーゼ連鎖反応（polymerase chain reaction：PCR）が可能となった。自然界の *Thermus aquaticus* は 50 〜 80 ℃で成長するため，その熱に安定な DNA ポリメラーゼは PCR における高温での温度変化反応に理想的な酵素だったのである。

熱水域近隣で生活することの危険性の一つは，地面や水体が，しばしば吹き飛ぶことである。これは，いわゆる熱水噴火によるもので，水蒸気を含むガスが地下に徐々に蓄積し，周囲の土壌や岩石が抑え込んでいた圧力を超えると地面が炸裂する。その後に丸いクレーターができ，水が溜まり，湖となる。活火山の火口にも水が溜まっているが，その水は爆発により吹き飛ばされたり，あるいは火山灰とともに流出したりする。

一例として，図31に示したニュージーランドのルアペフ山（Mount Ruapehu）について紹介したい。この山の湖は，水温が大きく変動して60℃に達することがあり，湖水pHも0.9と低く極端に酸性である。過去150年の間に大きな火山噴火が3回あったが，小さい噴火は頻繁に起こっている。現在，この山は注意深く監視されており，雪の斜面には地震警報システムが設置され，爆発の兆候が見られたら，溶岩や崩壊した湖からの濁水などにスキーヤーが巻き込まれないよう，安全に避難する手立てが立てられている。この監視システムは1953年に生じた悲劇，すなわち，噴火により火山湖が崩壊し，溜まっていた濁水や火山灰が流出して大事故になったことを教訓に整備されたものである。具体的に説明すると，1953年23日に噴火が起こり，火口湖に堰き止められていた火山灰や溶岩が渓谷に沿って流下し，谷にかかっていた鉄道の橋を破壊した。この予期しなかった突然の出来事は，夜行列車が橋を通過する数分前に起こった。その結果，列車が橋を通過した際に最初の6両が脱線し，乗客151人もの犠牲者が出てしまったのである。

これ以外にも，火口湖は有害ガスを排出することで，人の生活に脅威を及ぼすことを述べておきたい。カメルーンにあるニオス湖（Lake Nyos）は火山のクレーターによりできた湖で，湖の下にあるマグマ溜まりから二酸化炭素が湖水に溶け込み，湖水は非常に高い二酸化炭

図31 ニュージーランド・ルアペフ山にある強酸性の火口湖

素濃度に達する。1986年，地震あるいはそれに伴う湖岸での土砂崩れにより湖水が撹拌され，溶け込んでいた二酸化炭素が突如湖面から噴出した。この高濃度の二酸化炭素を含む雲のような気体は山麓の村に達し，一晩で1746人の住民と3500頭の家畜の生命を奪ったのである。この時以来，ニオス湖には底層に溜まったガスを排出するための導管が取り付けられ，ガス噴出による危険性が軽減されている。同じような有害ガスの蓄積による災害は，やはりカメルーンのモヌン湖（Lake Monoun）で起きている。この湖では，1884年に湖水爆発が起こり，有害ガスが噴出して37人が犠牲となった。

第3の，もっと大きい湖での火山ガスによる危険性の例は，ルワンダとコンゴ共和国の国境にあるキブ湖（Lake Kivu）であろう。この大きく深い湖（表面積2,700km²，最大水深480m）は，火山活動の影響によりメタンや二酸化炭素が蓄積している。これらガスは，ときどき湖から放出され，二酸化炭素を高濃度に含む有害な空気ができる。こ

れは，スワヒリ語で"mazuku"，つまり悪魔の風と呼ばれている。
この危険な状況は，一方で希望にもなった。というのは，底層に蓄積
しているメタンガスがエネルギー源として利用できたからである。現
在，湖にはメタンガスを採取するためのプラントが設置され，そのメ
タンを燃料とする発電が行われている。この発電は，26メガワッ
ト[23]の電気を生み出す一方で，湖水の有害ガス濃度を下げ，災害の
危険性を減じるのに役立っている。

---

*23　日本の場合，1メガワットあれば，およそ250世帯が普通に生活できる
　　だろう。

7 湖と社会

人間はどんな動物よりも自然や住み場所に大きな影響を及ぼしている。

F. A. Forel

フォーレルが，ジュネーブ湖の動物や植物の目録を作成したとき，そのリストの最初に記したのは *Homo sapiens*，つまり人間であった。彼は，人間はまぎれもなく湖生態系の一部であり，人や物資を運ぶ（図 32）ために湖岸を開発したり，漁業や飲料水などに利用したりすることは，湖そのものにダメージを及ぼす可能性があることを指摘している。フォーレルは，湖の水位が自然の力だけでなく人間による操作でも変化することを見てきた。実際，ジュネーブ市が行う湖水の流出量調整に問題があるという訴訟で，フォーレルは専門家の立場から意見を述べている。しかし，20 世紀の人間社会を維持するうえで，そして途上国の発展のために，ダム湖や人造湖が数多く造られていくとは，彼は想像もつかなかったであろう。

フォーレルは，広大なジュネーブ湖（面積 580km^2，容積 89km^3）をくまなく調べ，この湖が周辺住民に良質な飲料水を未来永劫にわたって提供するだろうと感じていた。しかし，20 世紀後半になると，世界のいたるところの湖と同様に，ジュネーブ湖でも富栄養化が進行し，植物プランクトンの繁殖による水質悪化や湖底の貧酸素化が生じた。ジュネーブ湖をはじめとするすべての淡水資源にとって，全球レ

図32 19世紀にジュネーブ湖で活躍した伝統的形状の商船

ベルでの温暖化やそれに伴う気候変動は深刻な問題をはらんでいる。というのは，温暖化によって湖水の鉛直循環パターンが変化し，渇水や激甚降雨など極端な気象現象により流出入量が大きく変化するからである。その変化は，生物の生息環境を改変し，在来種の生存や外来種の侵入に大きな影響を及ぼすことになるだろう。

ダム湖

過去数千年にわたって，ヒトは水を堰き止めたり，窪地に水を引き込んだりして，人造の湖や溜め池を数多く造ってきた。19世紀までは，そのような人造湖や溜め池は規模の小さいものであり，農業や畜産のための灌漑用水や飲料水の確保などの利水，洪水調整などの治水，景観美や精神的安らぎのための庭園池，水車発電のための貯水，さらには魚の養殖など，目的はさまざまであった。20世紀になると，運河

や水力発電など大規模プロジェクトが発展のシンボルとなり，貯水量の増大が経済成長にとっても重要なものとなった。欧州各国を全部合わせたダム湖の面積は 100,000km^2 に達しており[24]，このなかには 2 つの巨大ダム湖，ボルガ川に建設されたクイビシェフスコエダム（Kuybyshevskoye：貯水面積 6,450km^2）やリビンスコエダム（Rybinskoye：貯水面積 4,450km^2）が含まれている。大型ダムに関する国際委員会（International Commission on Large Dams）による世界登録ダム集によれば，堤高 15m 以上と定義されるダムは 58,519 あり，それらの合計湛水量は 16,120km^3 になる。これは，米国とカナダ国境にあるナイアガラ滝を落ちる水，213 年分に相当する。水力発電ダムとして世界でもっとも大きいカナダ・ケベック州北部にあるジェームス湾ダム群（James Bay Complex）は，1980 年後半に稼働を開始した。この複合施設は開放水面面積が 11,800km^2 に及び，現在 1 万 6500 メガワットの電力を生み出しており，今後さらなる増設が計画されている。

ダム建設は，西側諸国ではあまり行われなくなり，取り壊しなども進められているが，アジア・アフリカ・南アメリカではむしろブームとなり進められている。中国・長江に建設された三峡ダム（The Three Gorges Dam：貯水面積 1,084km^2）は，2012 年より稼働し，現在では水力発電として世界でもっとも大きな発電量（2 万 2500 メガワット）を提供している。アフリカでは，ブルーナイル川で堤高 145m に及ぶグランド・エチオピア・ルネッサンスダム（Grand Ethiopian Renaissance Dam）を含む，およそ 100 近い巨大ダムの建設や計画が進められている。南アメリカ・アマゾン流域では，シングー川（Xingu River）のベロ・モンテダム（Belo Monte Dam）など 300 以上のダムが建設もしくはその計画が進められている。

---

[24] 日本のダム湖（人造湖）の総面積はおよそ 2,000km^2。

ダム湖，すなわち貯水池は多くの点で天然の湖とは異なっている。まず第一に，湖盆形態が円や楕円ではなく，木の幹と枝のように入り組んでおり，河川本流に沿いながらも，あちこちの支流に向かって水面が伸びている。第2に，ダム湖は川沿いに建設されるため，表面積に対して集水域面積が相対的に大きい点である。自然湖沼では，湖の表面積に比べて集水域面積は相対的に小さい場合が多い。たとえば，イギリス・湖沼地帯にあるウィンダミア・ワストウォーター湖（Lake Windermere and Wastwater）の場合，集水域・湖面積比は16程度であり，ジュネーブ湖では13.8である。また，タホ湖ではこの比はわずか2.6であり，湖水の入れ替わりに長い期間がかかるため，湖水滞留時間は650年と推定されている。一方，カナダ・ケベック市の飲料水を供給しているダム湖であるセント・チャールズ湖では集水域・湖面積比は46である。また，米国・コロラド川のフバーダムの背後にあるダム湖，ミャード湖（Lake Mead）では640であり，先の三峡ダムの場合は923にもなる。このように相対的に大きな集水域面積は，ダム湖内での湖水滞留時間が短いことを意味しており，湖水をすみやかに排水する施設がない場合に比べて，ダム湖水質はより良好に保ちやすいことを示唆している。しかしながら，ダム湖でも側所の支湾や比較的閉ざされたような水域，さらにはダム湖下流の淀みなどで，有害な植物プランクトンが繁殖することがある。

ダム湖は水位変動が大きく，天然湖沼に比べてその変化速度も大きい。このため，沿岸域の植物や動物が定着しにくい。また，ダム湖に固有の特徴として挙げられるのは，湖盆の長軸に沿って環境勾配ができることである。上流，すなわち河川から水が流入する付近では水流や乱流などにより水がよく撹拌されているが，そこを通過するとダムまで止水域となる。ダム堰堤に向かって水深は深くなり，一般にダム直前で最大水深となる。そこでは成層が発達し，陸上由来の懸濁物が沈降するため透明度も高くなる傾向がある。ダム湖によっては，取水

口がダム堰堤の下部，すなわち深水層にあたる部分に設けられている。これまで述べてきたように，深水層の湖水は，栄養塩は豊富なものの，酸素が少なく水温も低い。このような水を放流すれば，ダム下流に生息している魚類をはじめとする動物群集に大きな影響を及ぼすことになる。下流にある河川生態系に深刻な影響を及ぼさないよう，ダムのどの水深から放流すべきか，またどのようなタイミングで放流すれば良いかなど，ダム湖水の放流については注意深い配慮が必要である。

ダムは，水力発電，灌漑用水や飲料水など，人間社会に必要な便益として建設されるが，それに対する環境側のコストについては十分に考慮されていない。イランにある大きな塩水湖である最大表面積5,200km^{2}のウルミア湖（Lake Urmia）は，かつて野鳥の楽園といわれていた。しかし，その主要な3つの流入河川に灌漑や水力発電のためのダムが建設されたことで，湖面積は10％も縮小してしまった。また，流入量が減少したため，塩分が沈着析出し，それらが風に吹かれて飛ばされることで近隣の農地は塩害にみまわれ，住民にも健康被害が出たという。似たような環境問題は，カザフスタンとウズベキスタンにまたがる大アラル湖（Aral Sea）でも起こった。この塩水湖の表面積は，1960年代は68,000km^{2}あったが，流入河川の水を灌漑用水として取水したため，2005年には7,000km^{2}まで縮小してしまった。現在，アラル海の北端にダムが建設されている。これは，水を貯めることで塩分濃度上昇を抑えるとともに，本来行われていた漁業を部分的に復活させるためである。

ダムの建設は，もともとその河川や河畔に生息していた動物や住民に大きな影響を及ぼすことがある。アマゾン流域のダム建設ベロ・モンテプロジェクト（Bero Monte project）の場合，土地の水没により，数千ものアマゾン原住民の生活場所を奪うことになったため，文化的

な破壊として国際的な関心事となり抗議を招いた。三峡ダムの建設は，3市にまたがる120万人もの住民が立ち退きを余儀なくされた。ダムはいまや，動物が移動する際の障害物にもなっている。たとえば，三峡ダムでは，長江チョウザメをはじめとする絶滅に瀕している魚類の移動を妨げている。船による航行の増加や水位の季節性変化などにより，さらに大きい影響が下流側で出ている。三峡ダムの運用による長江流下域での水位低下が，巻き貝を中間宿主とする住血吸虫の人間への感染を助長しているという証拠もある。住血吸虫の感染は長期にわたる疾患を招くため，きわめて深刻な問題である。住血吸虫の人間への感染率の増加は，エジプトのアスワンダム（Aswan Dam）など，他の水力発電ダムが建設された場所でも報告されている。下流での水位低下は，その周囲の湿地の乾燥化を促し，生息場所間をつなぐ水路を干あげることで，魚など水生動物の移動を妨げる。ダムによる水位低下やその季節性の変化が，それまで自然の水位変動のもとで進化してきた生活様式，すなわち産卵，繁殖や孵化，成長，移動などのタイミングと合わなければ，在来種の生存に深刻な影響を及ぼすことになるだろう。ダム建設による河川の魚類多様性への影響は，アマゾン川，コンゴ川，メコン川のように，生息している魚種の60%が固有種である熱帯流域では特に注意深く見ていく必要がある。これら3つの流域では，840ものダムが稼働あるいは建設中であり，さらに445のダムの建設が計画されているという。

ダムの建設は，下流への土砂や栄養塩の輸送量を減らすことになり，その影響は海や沿岸生態系にまで及ぶ。土砂供給量の減少は，海岸線を変化させ，海岸デルタを減少させ，さらに河口域での海水遡上を大きくする。海流や波浪によって流出する砂泥を，上流からの土砂で埋め合わせることができなくなるからである。実際，三峡ダムが稼働して以後，長江河口域では，砂泥の供給不足により海岸デルタの著しい縮小が生じている。これらに加え，ダムの建設は植生や土壌を冠水さ

せることで，水銀汚染を拡大する恐れがある。水圏の細菌が水銀をメチル化すると，有毒性の高いメチル水銀となり，それらが食物連鎖を通じて濃縮されたり沿岸域に流出したりするからである。

私達のほとんどは，洪水調整や水や電力の供給，それによる経済活動など，ダム湖の機能の恩恵を受けている。このようなダム湖が私達に提供してくれる生態系サービスともいうべき恩恵は，近代文明にはもはや不可欠である。ダム建設は，現在でも世界のいたるところで進められており，懸念されている将来の気候変動を緩和するための方策として，さらに建設を進めて行くべきだ，との要請もある。というのは，ダム湖は気候変動に対して安定的に水が供給できるようにしたり，水力発電により二酸化炭素放出量を減らす，などの便益があるからである。さらに，今世紀中に30億増加すると見込まれている人口増加が要求する水の確保にも貢献できる。しかし，これら建設プロジェクトの環境への負荷やコストはしばしば過小評価されてきたし，その一方で便益は過大評価されてきた。過去の苦い経験や社会，生態系に対する長期的な展望なく，不確かで配慮のない考えや事業が人間や環境に招いた結果を，私達はつねに記憶に留めておくべきである。

緑化する湖

世界中の湖が直面してきたもっとも深刻な脅威は，人間活動の結果生じた湖水への過剰な栄養塩の負荷，いわゆる富栄養化による植物プランクトンや水生植物の繁茂である。この問題は，20世紀中盤より顕在化し始めた。すべての湖は，時間とともに栄養塩濃度が徐々に上昇し，透明度が低下するとともに，やがて堆積物や水生植物で埋め尽くされることになる。これがいわゆる富栄養化である。しかし，この変化は自然下でははるかにゆっくり進む。一方，集水域の人間活動が活発になって栄養塩の負荷が増大すると，この変化が急激に進むのであ

る。栄養塩濃度が高く富栄養，あるいはさらに栄養塩濃度の高い過栄養の湖は，一般雑誌などで，よく"死んだ湖"と比喩される。確かに，有毒な植物プランクトンや底層での酸欠は，多くの生物を死滅させ絶滅させる。しかし，死の湖は明らかに誤った表現である。なぜなら，富栄養の湖水にも多くの生命が存在しているからである。ただ残念ながら，それらのほとんどは，漁業や飲料水などさまざまな湖の便益を阻害する迷惑な植物プランクトン種なのである。

湖水への栄養塩負荷には2つの起源がある。1つはポイント・ソース（点源）と呼ばれるもので，流入起源が明確で排水管を伝わって流入する栄養塩である。もう1つは，ノンポイントソース（面源）と呼ばれ，道路や駐車場，農地や埋設された汚水槽，空き地や耕作放棄地など，起源を特定できない場所から地表流などを伝わって流入する栄養塩である。1970年代になると，世界中に点在する大きな湖でも栄養塩負荷による水質悪化の兆候が見え始めた。たとえば，ジュネーブ湖では冬季のセッキー透明度が，1870年代，つまりフォーレルの時代には15〜20mもあったが，1970年代に入るとせいぜい10m程度と低下した。ジュネーブ湖では水深300mの深水層でも酸素が十分にあるとフォーレルは記録していたが，100年後には深水層の酸素濃度は2mg/Lとなり貧酸素状態となった。その結果，湖のある部分では底生動物が見られなくなり，盲目蝦（図22）をはじめ数種が絶滅したと考えられている。

透明度の低下は富栄養化が生じていることの最初の兆候である。ただし，森林に囲まれた湖の場合，湖水に溶存している褐色の有機物により光透過量が少ないため，しばらくの間は富栄養化の進行に気づかないことがある。晩春から秋にかけての成層期に底層水の酸素濃度が低下することも富栄養化，すなわち栄養塩濃度の増加が進行していることを示すもので，さらに進行すれば湖の深層は無酸素状態となる。と

はいえ，湖の生態系サービスにもっとも大きな影響を及ぼすのは，有害な植物プランクトンの繁殖，特にラン細菌のブルーム（Harmful agal blooms：通称 HABs）である。

中緯度地域の富栄養湖では，4属のラン細菌がブルームを形成する。それらは，*Microcystis* 属，*Dolichospermum* 属（かつての *Anabaena* 属），*Aphanizomenon* 属，*Planktothrix* の種である。これらの種は，単独でブルームを形成することもあるが，いくつか混ざり合ってブルームになることもある。これらのラン細菌は，細胞サイズや形態，生活史などは属によって異なっているものの，興味深い共通の特徴を有している。特に重要な共通点は，いずれも細胞が疎水性のタンパク質で満たされており，水を弾き，ガスを吸着することである。細胞内にあるハニカム型のガスで満たされた器官は「ガス胞」と呼ばれ，細胞の比重を軽くすることで，成長に必要な太陽光が豊富に注ぐ水面に浮遊するのに役立っている。

ラン細菌のブルームが生じている湖の湖水1滴をスライドグラスにたらして顕微鏡で覗くと，一つひとつの細胞はきわめて小さく，ブルームは1Lあたり10億以上もの細胞により形成されていることがわかる。図33は *Microcystis* であるが，高倍率の顕微鏡で観察すると，一つの細胞サイズは直径5μm程度で，各細胞には光を透過する明るい部分，つまりガス胞のあることが観察できる。このように小さい細胞の場合，単独細胞の状態では浮上速度はきわめて遅くガス胞はほとんど役立たない。しかし，多数の細胞が集まって群体になると浮力が増大し，*Microcystis* の群体の場合，浮上速度は1時間あたり5mにもなる。

このような浮力は，細胞自身で調整することができる。日中，ラン細菌細胞は太陽光を利用して光合成を行い，糖類を生産する。糖は重い

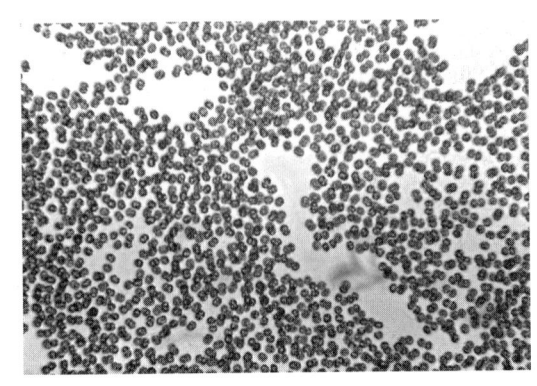

図33 ブルーム（アオコ）を形成し，毒物質を産生することがある *Microcystis aeruginosa*

物質なので，細胞の比重は重くなり，その重さが周囲の水の密度と同じになる深さまで沈む。あるいは，着底してしまうかもしれない。いずれにしても，そのような深い場所には栄養塩が豊富に存在していることが多いため，そこで栄養塩を吸収することができる。夜間，光がなくなるとラン細菌細胞では蓄積した糖を呼吸により消費する。その結果，明け方には細胞の比重は軽くなり，再び表層に向かって浮上するのである。このような，沈降と浮上の繰り返しのため，湖の表層だけを観察していると，ラン細菌によるブルームには24時間の周期があるように見える。

湖の水面には，しばしばブルームとなったラン細菌の群体が多量に集積して，緑色の粉や粘着粒子が層状に集まったようないわゆるスカム状になり，内湾や岸に吹き寄せられる。このように，ラン細菌の群体が水面あるいは水中で密になると，それが遮光物質となって，水中や水面下に光が届きにくくなる。その結果，光を必要とする水生植物や他の植物プランクトン種は，成長を阻害される。すると，ラン細菌の群体はますます卓越することになり，植物プランクトンの種多様性は

減少する。ラン細菌の群体は，植物プランクトンのなかでは大きく，濾過食者であるほとんどの動物プランクトンは餌として食べることができない。また，ラン細菌は動物が必要とする不可欠脂肪酸やステロール類を欠いているため，それだけを食べても，動物プランクトンは成長できない。動物プランクトンに摂食されないラン細菌の群体は，死滅すると湖底に沈む。湖底に沈んだ死骸は細菌により分解されるが，その際に酸素が多量に消費されるため，湖底は貧酸素，あるいは無酸素状態となり，底生動物の生息が困難となる。このように，ラン細菌のブルームは湖の食物網のみならず湖沼生態系全体の生物多様性に負の影響を与えることになる。

ブルームを形成するラン細菌は，飲料水など湖の上水供給機能にも影響するので，特に深刻である。まず，湖水に懸濁しているラン細菌の生物量が非常に多いので，取水口付近にこのようなラン細菌の群体が集積していれば，浄水場で湖水を濾過する際にすぐに濾過障害が起こる。また，ラン細菌はさまざまな二次代謝産物を生産し，そのなかには不快な臭いをもつ物質があるため，飲料水が不味くなる。二次代謝産物とは，光合成や呼吸，成長などの生物生産過程に関与しない物質のことである。ラン細菌が，なぜ多様な二次代謝産物を生産するのか諸説あり，他の植物プランクトンの成長を阻害するため，あるいは動物プランクトンに対して毒性をもつことで被食されなくなるため，といった説や，成長に必要な微量元素や金属元素を細胞内に留める機能のため，といった説もある。いずれにしても，それら二次代謝産物の多くは不快な臭いをもち味も不味い。たとえば，ジオスミン（geosmin）や2-メチルイソブロメオール（2-methyl isobroneol）はカビや土のような臭いがあり，シクロシトラール（cyclocitral）は青臭い味がする。また，ラン細菌が分解する際にはアルキル硫酸（alkyl suflide）が放出され，イオウ臭がする。これらに加えさらに深刻なのは，それら二次代謝産物のなかには，家畜や人間に対して化学的に毒

性のある物質が含まれる点である。

有害な植物プランクトン

2014年8月2日（土曜日），米国オハイオ州にあるエリー湖に面した
トリード市（Tledo）で，ミッシェル・コリン市長が緊急記者会見を
行った。その会見で，市長は市民に対して，「水道水を飲まないでほ
しい。飲むなら煮沸してほしい。また，すべてのレストランは連絡が
あるまで営業を停止してほしい」と告げた。トリード市の水道局浄水
場の環境監視部門が，ラン細菌が作る毒性物質，マイクロシスティン
-L.R.（microcystin-L.R.）を WHO（世界保健機関）が基準と定めて
いる濃度 1ppb*15 をはるかに上回る値を水道供給水から検出したので
ある。トリード市の上水は五大湖の一つであるエリー湖から取水して
いるが，そこでは毎年のようにラン細菌のブルームが生じており，湖
水からはマイクロシスティン -L.R. も基準値の100倍を超える濃度で
検出されていた。しかし，マイクロシスティン -L.R. はラン細菌細胞
のなかに存在しているため，通常は浄水場の濾過設備で取り除くこと
ができる。トリード市で起こったことは，湖水を濾過し水道水に適し
た水として処理している過程で，この毒性物質の混入もしくは生産さ
れた可能性である。その後の検査と安全性試験により，週明けの月曜
日には水道水の飲料禁止措置の警告は解除された。しかし，50万人
も生活している都市で，一時的とはいえ，水道水が飲料水として使え
なくなったことは，米国やカナダで公衆衛生面での議論を呼び起こす
ことになった。ラン細菌による毒性物質問題を引き起こす湖の富栄養
化問題が，改めて注目されたのである。

ラン細菌が作るこれら毒性物質（通称シアノトキシン：cyanotoxins）
は，世界のさまざまな地域で問題となっている。中国で3番目に大き
い太湖（Lake Taihu）は1000万人の市民の上水道水源である。この

湖は，表面積（2,338km²）は大きいものの浅く，最大水深は2.6mである。この湖は富栄養化が著しく進行し，1年中 *Microcystis aeruginosa* のブルームが生じている。2007年，無錫市では太湖を水源とする水道水に不快な味と臭いがつき，しかもシアノトキシンが混入する可能性があったため，1ヶ月間もの間，市民は飲料水をペットボトルの水に頼らざるを得なくなった。このような状況は今後も起こる恐れがあり，上水源として重要な太湖の環境監視や汚濁を軽減するための努力が続いている。

マイクロシスティンは水溶性の化学物質で，ブルームを形成する多くのラン細菌種が生産するが，なかでも汎存種（cosmopolitan species：世界的な分布をしている種）である *Microcystis aeruginosa* による生産が顕著である。この物質は，ペプチドと呼ばれる分子に分類される。ペプチドとはアミノ酸がペプチド結合によりつながった分子で，タンパク質もこれに含まれる。しかし，タンパク質とは異なり，マイクロシスティンは煮沸しても変性しない。これは，おそらくアミノ酸が環状に結合し（図34）安定した構造を有しているためであろう。この化学的に頑丈な構造は，細菌など分解者が出すタンパク質を加水分解する酵素，プロテアーゼ（protease）にも耐性がある。詳細な研究によれば，マイクロシスティンの中心となる環状構造が同じでありながら，側鎖の構造が大きく異なる多数のマイクロシスティン同族体があるという。しかし，そのなかでも上述したマイクロシスティン -L.R. の毒性がもっとも高いようである。近年，日本の国立環境研究所は，霞ヶ浦（面積220km²，最大水深7m，平均水深4m）から単離された *Microcystis aeruginosa* の全ゲノムを解読した。これにより，マイクロシスティンや他の有害成分（aeruginosin）の産生に関与している遺伝子や，環境変動に速やかに対応できる遺伝子の存在が明らかにされた。

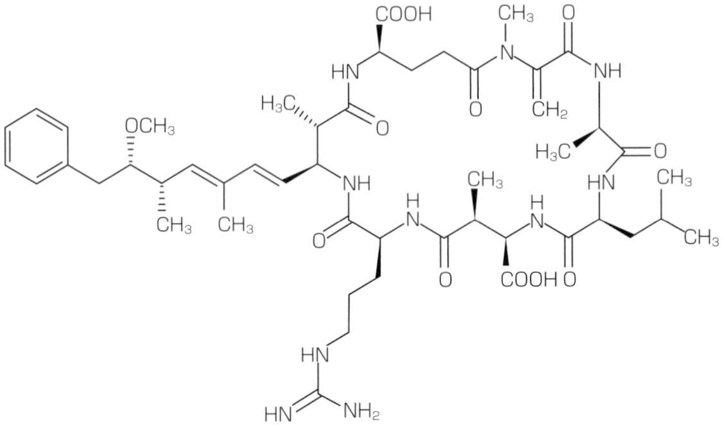

図34 ラン細菌が産生する毒性ペプチドであるマイクロシスティン-L. R.

マイクロシスティンが，一般的な水処理に対して抵抗性をもつこと
は，生化学的にもきわめて深刻である。哺乳類が摂取すると，この毒
性物質は肝臓細胞に取り込まれ，たとえばフォスファターゼなど重要
な酵素活性を阻害する。この肝臓で起こる障害は，肝臓のみならず脳
や生殖器官で酸化ストレスを招く。また，マイクロシスティンは，細
胞内の微小官構造を破壊し細胞分裂を阻害することでガンを誘発した
り，この物質を含む飲料水を飲むと，吐き気や嘔吐，胃腸疾患を招い
たりするという証拠もある。人間の生命に関わる事例も，1996年，
ブラジルのカルアル市（Caruaru）の病院で報告されている。それに
よれば，100人以上の腎臓疾患患者が透析中に不調を訴え，うち70
人が亡くなったという。この透析には，*Microcystis* のブルームが生
じていたダム湖を水源とする水が使われており，マイクロシスティン
が浄化処理した水からも，患者の肝臓や血液からも，検出された。
Microcystis をはじめとするラン細菌のブルームが生じていた池や湖
の水を飲んだ犬や家畜が，病気になったり死亡したりした，という報
告は多数ある。

Microcystis の毒性は 1950 年代に知られるようになったが，当時はマウスを使った実験でシアノトキシンを投与するとすぐに死亡したことから，急性死亡因子と標記された。これが，現在マイクロシスティンと名付けられている物質である。しかし，それよりもさらに急性の毒性物質が，1960 年代にカナダで，*Microcystis* のブルームが生じていた水を飲んで死亡したいくつかのウシの群れから単離された。これは超急性死亡因子と標記された。この物質は，アナトキシン-a（anatoxin-a）というアルカロイドで，神経組織に障害を与えて数分で死に至らせる。この物質は，窒素固定を行うラン細菌 *Dolichospermum flos-aqua*e からも単離された。この種は，かつて *Anabaena* 属に分類されていた種であり，富栄養湖で普通に見られる種である。その後の研究によれば，アナトキシン-a はこの種だけでなく，同じ属の他種や他のラン細菌属でも生産していることが明らかにされている。

マイクロシスティンやアナトキシン-a だけでなく，ブルームを形成するラン細菌は他にもさまざまな化学物質を生産しており，そのなかには野生動物や家畜，さらには人間に有害なものもある。たとえば，有機リン酸エステル（organophosphates），生理活性アミノ酸（bioactive amino acids），麻痺性貝毒（paralytic shellfish toxins）などである。また，いくつかの種では，人間の皮膚にただれや炎症を起こす物質を細胞壁にもっており，そのようなラン細菌のブルームが生じている池や湖で泳ぐと，皮膚アレルギーなどの症状が出る。ただ，これらの報告には，他の原因による場合がある。たとえば，巻き貝や水鳥を宿主とする住血吸虫の幼生は，水泳している人間の皮膚に潜り込み，swimmer's itch という，皮膚が痒くなる症状を引き起こす。

湖の再生

富栄養化した"死んだ湖"は，本来あった綺麗な湖の状態に戻せるだ

ろうか？　この，重要でしかし野心的な目標を達成するためには，水
生植物や植物プランクトン，特にラン細菌が過剰に繁殖したプロセス
やメカニズムをよく理解する必要がある。20世紀後半，人口の急激
な増加により，多くの湖で生活排水や工場排水の流入が増加した。そ
の排水の生物群集に対する化学的な影響因子として3つの元素，炭
素，窒素，リンが疑われた。窒素やリンは栄養塩の増加，また炭素は
光合成に必要な二酸化炭素の増加が植物プランクトンを増加させたの
ではないかという仮説である。北米の洗剤・界面活性剤工業会は，洗
剤の素材として使用していたリンに富む界面活性剤が使えなくなると
困るので，湖の富栄養化は炭素，つまり有機物が分解されて湖水中の
二酸化炭素濃度供給量が増加したために植物プランクトンが増加した
のではないかと主張した。湖水をビンに詰め，炭素有機物を添加して
行った短期の室内実験では，この主張を支持するような結果も得られ
ていた。ただし，それら結果は必ずしも判然としておらず，解釈次第
でいかようにも見えるものでもあった。

しかし，富栄養化の原因は栄養塩によるという疑問の余地がない証拠
がカナダの陸水学者，デビッド・シンドラー（David W. Schindler）
の研究チームにより提出された。それは，カナダオンタリオ州にあ
る，実験湖沼群（Experimental Lake Area : ELA）で行われた，大
規模野外実験による成果である。カナダの広大な花崗岩地帯は，先カ
ンブリア盾状地（Precambrian Shield）と呼ばれ，数万の湖が点在し
ている。これは最終氷期に氷河により削り取られた跡地であり，それ
まで栄養塩を蓄積してきた土壌も氷河により剥ぎ取られ，先カンブリ
ア時代に形成された花崗岩がむき出しとなった地域である。このむき
出しとなった基岩は，長期にわたって風化してきたので，リンなどの
ミネラルに乏しい。この貧栄養地帯の一部，オンタリオ州北部の一角
（それでも数百の湖沼が点在する）を，1968年に野外実験を行うため
の施設とした。これが，通称ELAと呼ばれる実験湖沼群であり，野

外科学を推進するための画期的な野外施設である[*25]。生態系のごく一部を切り取ったような室内実験とは異なり，シンドラーらのチームは，ここで単純ではあるが，生態系全体の応答を俯瞰するきわめて説得力のある実験を行った。まず，ELA の 226 湖と名付けられた湖をナイロンで補強したカーテンで 2 つに仕切った（図 35）。その南西側の区画には細菌の資源になる炭素源（C）としてショ糖と窒素源（N）として硝酸を加えた。ショ糖を加えたのは，細菌の良い資源であり，ショ糖を利用（分解）して活発に呼吸することで湖水中の二酸化炭素の供給量が増大するからである。一方，北東側の区画には，炭素，窒素に加えてリン源（P）としてリン酸を添加した。加えた C，N，P の割合は，下水処理場からの排水が含む成分と同じ割合であった。

結果は目を見張るものであった（図 35）。炭素と窒素を加えた区画では，光合成色素であるクロロフィル量で調べた植物プランクトン生物量にはほとんど変化がなかった。この結果は，226 湖をはじめとして，カナダ・先カンブリア盾状地帯にある湖にとって興味深いものである。というのは，この湖沼では，基岩が風化しているため無機炭素濃度が低いが，それにもかかわらず炭素の添加は植物プランクトンの増加を促さなかった。これは，炭素制限説を否定するものである。一方，炭素と窒素に加えて，リンを添加した区分では，植物プランクトンの生物量が急激に増加し，なかでも窒素固定を行うラン細菌が卓越した。その結果，湖水は緑色となり，セッキー透明度は 3m から 1m へ低下した。さまざまな水質項目も変化したが，何よりも 2 つの区分の見た目の大きな違い，一方は青く澄み他方は緑色で濁っている状態

---

*25　ELA は湖沼そのものを実験室として使える陸水学研究のパラダイスであり，訳者もこの施設にある 239 湖で野外実験を実施した経験がある。ここで語られているように，ELA でのシンドラーらの実験がなければ，湖沼の富栄養化の理解や無リン洗剤の開発は大きく遅れていただろう。このような野外研究施設は生物多様性や生態系の人為影響を解明したり再生・保全したりするための科学基盤と手法の発展に不可欠である。

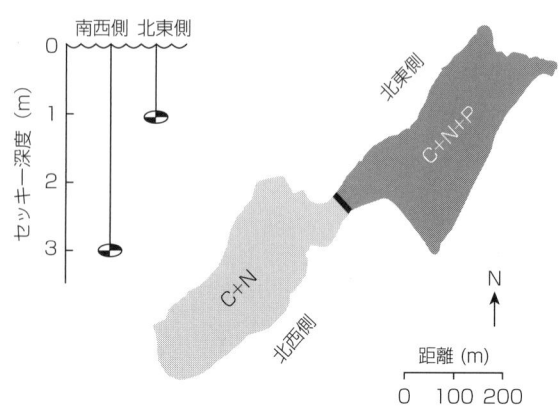

図35 カナダ・実験湖沼群の226湖での実験結果：炭素・窒素・リンを負荷した北東側ではラン細菌が繁殖しブルームを形成したためセッキー透明度が大きく低下した

が行政や政策決定者の目をひいた。リンの流入量増大が，植物プランクトン増加の主原因だったのである。この結果により，湖の保全や再生には，点源・面源双方からのリンの流入を抑えることが不可欠であるとの合意が得られるようになった。

それ以後，この半世紀の間，湖に負荷するリン源の特定と制御，無リン洗剤の開発と利用，湖に流入していた排水の流路変更（diversion）やリン除去システムの稼働など，さまざまな取組が世界中の湖で行われてきた。その初期の例として，米国・ワシントン州シアトルのワシントン湖（Lake Washington）での取り組みを紹介したい。1960年初頭，シアトルの街は急成長し，その下水排水が湖に流入していた。最大時には，1日に8万トンもの排水が流入していたという。ワシントン大学教授で著名なプランクトン研究者，トミー・エドモンドソン（Tommy Edmondson）は，栄養塩が増加してラン細菌が繁殖するなどワシントン湖の水質が悪化していることを明らかにした。その結果を一般市民にも啓蒙することで行政を動かし，最終的に街からの下水

処理水を，湖ではなく海に排水する流路変更が行われた。これには数年かかり，一つひとつ問題を解決し，1968年にはワシントン湖への下水処理水の排出はなくなった。この間，1964年から1969年にかけ，エドモンドソンのチームは湖沼の観測を続け，下水処理水の流入減少により，最終的に夏の植物プランクトン生物量が1/6となり，湖水のリン濃度も著しく低下したことを報告した。

近年は次の問題が議論となっている。はたして，リンだけを削減すれば問題は解決するのかという疑問である。炭素は，大気の二酸化炭素や集水域の無機・有機炭素など多くの供給源がある。しかし，窒素については検討すべき，いくつかの理由がある。その前に，窒素を考慮しなくてもよい，という対立意見を紹介しておきたい。それは，226湖のC，N，P添加区分で減少した窒素ガスを固定（取り込む）するラン細菌種に関するものである。これらの種は，大気中に含まれる窒素ガスを窒素源として利用できるので，仮に窒素の負荷を削減したとしても，窒素固定するラン細菌種が大気に豊富にある窒素を固定することになるので，あまり意味がない，という主張である。しかし，これは全体的に正しくない。というのは，窒素ガスを固定できるラン細菌種でも，大気から摂取する量はごく一部であり，多くは湖水に溶存しているアンモニアや硝酸，有機体窒素から窒素を取り込んでいるからである。さらに，湖やダム湖でブルームを形成するラン細菌のなかでもっとも問題になるのは，*Microcystis* 属の種であるが，これらは窒素ガスを利用できない。*Microcystis* 属は毒性のマイクロシスティンを生産するが，この有機物は窒素に富んでいる（図34のマイクロシスティン分子を見てほしい。この分子あたり，窒素が10原子含まれていることがわかる）。この事実は，窒素が豊富にあることで，*Microcystis* 属は毒性のマイクロシスティンを生産することを意味している。*Microcystis* 属の種は，世界中の湖でその勢力を再び復活しつつある。その理由の一つは，収量を上げるために農地の水はけをよくし

た結果，リンのみならず窒素も豊富に含む肥料の残差が水路を伝わって湖に流入するようになったためである。

ニュージーランド北島の火山地帯[*26] にある湖や南米のチチカカ湖のように，集水域土壌にリンが豊富に含まれている地域の湖は，ELAの湖沼とは事情が異なる。そのような湖ではリン源の多くは自然由来なので，流入量を制限することは不可能である。また，必要以上にリン流入だけを制限すると，植物プランクトンが減ったとしても湖底堆積物に豊富に存在しているリンを利用できる水草が繁茂することになる。また，淡水湖沼の湖水は，最終的には海洋に流出するが，海洋沿岸域では比較的リンは豊富だが窒素は不足しがちである。したがって，リンだけ制限して窒素を制限しないと，海の内湾や沿岸が富栄養化することになる。

このような理由から，米国やEUの環境保護庁ではリンだけでなく窒素も排水から除去するよう推奨している。このような政策決定は，しばしば議論になる。というのは，窒素の除去処理にはコストがかかり，リンの除去よりも技術的に難しいからである。リンだけに注目することは，明快でわかりやすく，政策決定者や湖沼を管理している行政側にとっても目標を設定しやすい。とはいえ，タホ湖やワシントン湖で行われた，生活排水が湖に入らないよう排水管を迂回させる取り組みは，他の栄養塩の負荷削減にも役立つ。また，自然や人工的に造った湿地を浄化に用いることは，リンだけでなく窒素の除去にも効果的である。各地域での政策決定がどのようなものであったとしても，シンドラーのチームがELAの226湖で行った研究結果は，人間活動はいともたやすく澄んだ湖を有害な植物プランクトン種が繁殖す

[*26] 火山活動が盛んな地域では，露出している岩石が新しく，まだ風化していない。このため，基岩や土壌にはリンなどのミネラルが比較的豊富に含まれている。

る湖へ変えてしまうことを示している。湖で有害な植物プランクトン種が繁殖しないようにするためには，リンなど栄養塩流入を管理し削減することが不可欠である。

栄養塩を削減しても，湖はすぐに元の状態に戻るとは限らず，期待していたよりも再生に時間がかかる可能性がある。その理由の一つは，栄養塩の増減に対する湖の応答に“ヒステリシス”（hysteresis）という事象があること，すなわち，栄養塩流入が減少して生じる湖の変化は，富栄養化の過程で生じた変化の軌跡を逆方向に辿るわけではないという現象である（図36）。湖が有害種を含む植物プランクトン生物量の多い状態になると，透明度は減少する。その結果，湖底で発芽し成長する車軸藻や水生植物は増えられなくなる。このような状況からの湖の回復にはさまざまな要因により回復が遅くなったり阻害されたりする。その要因の多くは生物過程に関するものである。たとえば，数年間にわたってラン細菌が繁殖すると，堆積物にはそれらラン細菌種の休眠胞子が多く蓄積することになる。さらにラン細菌の死骸が分解されることで無酸素となり，堆積物中のリンが湖水に溶出し，植物プランクトンの繁殖を促進する。これは，湖集水域から流入する栄養塩負荷，すなわち外部負荷とは異なり，内部負荷（internal loading）と呼ばれる。内部負荷が著しいと，いくら外部負荷を減らしても，植物プランクトンの繁殖はなかなか抑えられない。これが，湖の再生を遅らせる原因の一つである。五大湖の一つエリー湖では，かつてリンなど栄養塩の外部負荷により有害な植物プランクトン種は繁殖し，それによる沈降・分解で湖底が無酸素状態となり，内部負荷も起こるようになった（図19）。内部負荷が増大すれば，藻類はますます繁殖する。その死骸が湖底に沈んで細菌が分解すれば，酸素が消費され湖底はやがて無酸素状態になる。この悪質なサイクルが周りはじめると，外部負荷を減らしても，湖水環境は富栄養状態のままで改善しない。堆積物にエアレーションで通気して，リンの内部負荷を抑えることに

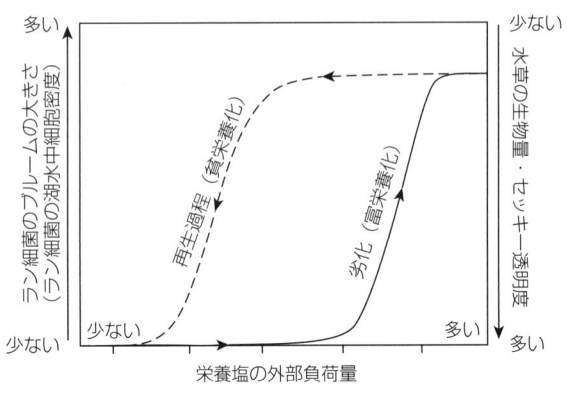

図36 湖の生態系劣化と再生の過程で見られるヒステリシス

成功した例もある。しかし，通気のためには巨大なポンプを四六時中稼働せねばならず，大きな湖で実施するのは実際には困難である。たとえば，島根大学が，日本海の海水が流入する富栄養化した汽水湖，中海（表面積 $87km^2$，最大水深 17m，平均水深 5.4m）で実施した実験研究では，エアレーションを止めた途端に，湖底堆積物からリンが高濃度で溶出したという。結局，私達がすべき最善の方策は，富栄養による悪循環が始まる前に湖を保全することである。

湖と未来

フォーレルは「ジュネーブ湖のモノグラフ」のなかで，物理，化学，生物だけでなく人間の関わりも湖の科学として重要であることを指摘している。ある研究の成果が，他の研究で得られたデータによって支えられるように，得られたあらゆる事実を詳細に俯瞰し，統合して理解することの必要性を彼は説いた。このように統合的に見通すことは，今日の地球システム科学に，すなわち地質から物理・化学・生物，そして人間過程に至るさまざまな環境がいかに地球システムと密接に関係しているかを調べるうえで不可欠である。湖を統合的なシス

テムとして捉えることは，地球規模で懸念されている気候変化に対して世界の淡水資源をいかに管理・保全していくかを考えるうえでも，極めて重要なのである。

世界のいたるところの湖で温暖化による水温上昇が報告されており，水温の上昇速度は，平均すれば，気温上昇とほぼ同じ速度であるという。しかし，温暖化の程度は，同じ気候帯の湖沼間でも大きく異なっている。これは，水深や透明度，風の影響などが湖によって異なるためである。温暖化に伴い，いままでになかったような極端な気象現象が各地で起こっている。北米やヨーロッパの一部地域では，激しい降雨が有色有機物の流入量を増やしたため，湖が茶色化（browning）しているという。この有機物の負荷は，水圏食物網を変化させるだけなく（図16），透明度も減少させる。その結果，湖面での太陽光エネルギー吸収量が増え，水温上昇にさらに拍車をかけている。

温暖化は，湖生態系にさまざまな影響を及ぼすことになる。まず，温暖化により蒸発量が増加するので湖の水収支が変化し，水位が下がる。この傾向は，降雨量の変化により緩和されるかもしれないし，さらに大きくなるかもしれない。水位の変動は，仮にわずかなものだとしても，生態学的に深刻な影響を及ぼす可能性がある。たとえば，北米五大湖の周囲にある湿地は，さまざまな水鳥や魚類にとって重要な生息場所であるが，このような浅い水辺は水位の変化に特に脆弱である。温度の上昇は，冷水環境を好む動物や植物の生息場所を減らす一方で，温暖な地域からの外来種の侵入を助長する可能性もある。

湖に対する温暖化影響について忘れがちな問題は，湖水の成層状態の変化についてである。湖表面が温められると，表層と底層の湖水の水温差が開き，密度差が大きくなる。このように成層状態が強固になると，風が吹いても湖水の上下混合が起こりにくくなる。その結果，大

気から溶け込む酸素が深水層に届きにくくなる一方で，深水層にある
栄養塩は表層に持ち上げられなくなる。実際，タンガニーカ湖では，
温暖化とそれに伴う湖水の成層強化によって鉛直混合による深水層か
ら表水層への栄養塩供給が減り，植物プランクトンによる一次生産量
が減少し，漁獲量が30％も減ったという。このような温度成層の効
果は，有害なラン細菌のブルームを制御するうえでも問題となる。温
度上昇はラン細菌の成長を促進するだけでなく，安定な成層状態はガ
ス胞による鉛直移動に都合がよいからである。

フォーレルは，地域住民の多くがジュネーブ湖の湖岸エリアに多く住
んでいること，それゆえこれら住民も湖生態系の一部であると考え
た。この考えは，その当時，そして20世紀の大半にわたって主流で
あった考え，すなわち，人類は自然よりも一段高い存在であり，大地
や大気や水を支配し，自分たちの成長のためには自然を資源として使
い尽くす権利がある，という考えとは対立するものであった。フォー
レルは「ジュネーブ湖のモノグラフ」の第3巻でジュネーブ湖をめぐ
る人間の歴史を記述している。この当時，ローザンヌの人口はおよそ
5万6千人で，世界の人口は16億人，二酸化炭素濃度は296ppmだっ
た。しかし，その後100年を経た現在，ローザンヌの人口も世界人口
もおよそ4倍となり，二酸化炭素濃度も25％以上高くなった。現在，
80万人がジュネーブ湖の水を利用しており，栄養塩負荷が増大しな
いよう排水管理をするとともに，世界各地で懸念されている新たな汚
染物質，たとえば医薬品，マイクロプラスチック（$5\mu m$以下のポリ
エチレン粒子など），工業製品に使われるナノ金属粒子などの負荷に
ついても関心がもたれている。また，他の湖と同様に，底層水の水温
上昇，成層状態や鉛直混合の変化，さらにはいくつかの魚種で見られ
る産卵時期の変化など，ジュネーブ湖でも温暖化影響の兆しが出始め
ている。

世界中の湖で顕在化している人口増加や地球環境変化の影響は，私達人間が生物圏を変えるほどの影響力をもっていることを示している一方で，地球環境とは相互依存の関係にあり，生存に不可欠な生態系サービスとそれを支える環境全体を，健全な状態で維持していかなければならないことを示している。湖は，生物多様性の核心であり，水を攪拌して混ぜ合わせる「緩やかな川」であり，大気や海をつなぐ水路であり，周囲の環境を統合し，過去や現在の環境変化が検出される場でもある。このような湖の価値を保全し維持していくためには，湖の科学を進展させ，地域の活動に役立てるだけでなく，地球レベルでの政策や活動に活かしていくことが必要だろう。何よりも，陸水学の特徴でもある統合的な取り組みが必要である。

図版の出典リスト

図3（14ページ）:
Adapted and redrawn from A. E. Ramsbottom (1976), 'Depth Charts of the Cumbrian Lakes', *Scientific Publications of the Freshwater Biological Association* (FBA) 33: 1–39, by permission of the FBA.

図4（17ページ）:
Photograph by D. Sarrazin (CEN), reproduced by permission.

図5（20ページ）:
Based on data from The INTAS Project 99–1669 Team (2002), 'A New Map of Lake Baikal'.

図7（23ページ）:
Adapted from multiple sources, including the United Nations Environment Programme.

図8（29ページ）:
Replotted with permission from the data in D. Köster et al. (2005), 'Paleolimnological Assessment of Human-Induced Impacts on Walden Pond (Massachusetts, USA) using Diatoms and Stable Isotopes', *Aquatic Ecosystem Health & Management* 8: 117–31.

図11（42ページ）:
Based on data in S. Bourget, 'Limnologie et charge en phosphore d'un réservoir d'eau potable sujet à des fleurs d'eau de cyanobactéries: le lac Saint-Charles, Québec', MSc Thesis, Université Laval, Québec, Canada (2011), with permission.

図13（50ページ）:
Redrawn from F. M. Boyce (2011), 'Some Aspects of Great Lakes Physics of Importance to Biological and Chemical Processes', *Journal of the Fisheries Research Board of Canada* 31: 689–730, reproduced by permission of Canadian Science Publishing. © Canadian Science Publishing or its licensors.

図15（53ページ）:
Reproduced by permission of M. Kumagai (Ritsumeikan University).

図18（71ページ）:
Reprinted from J.-É. Tremblay et al. (2015), 'Global and Regional Drivers of Nutrient Supply, Primary Production and CO_2 Drawdown in the Changing Arctic Ocean', *Progress in Oceanography* 139: 171–96, with permission from Elsevier.

図19（74ページ）:
Replotted by permission from the data in X. Ding et al. (2015), 'Characterization and Evaluation of Phosphate Microsensors to Monitor Internal Phosphorus Loading in Lake Erie Sediments', *Journal of Environmental Management* 160: 193–200.

図20（78ページ）:
Photomicrograph provided by I. Fournier (Université Laval) and J. D. Wehr (Fordham University), reproduced by permission.

図22（88ページ）:
Reproduced by permission from: F. A. Forel (1904), *Le Léman: Monographie limnologique* (Lausanne: F. Rouge), vol. III, Fig. 180.

図23（91ページ）:
Photomicrograph by P. Junttila, reproduced by permission.

図 24（92 ページ）：

Adapted from A. J. Horne and C. R. Goldman, *Limnology* (Columbus: McGraw-Hill, 1994), by permission.

図 25（94 ページ）：

Photomicrograph by T. Schneider (Université du Québec à Chicoutimi), reproduced by permission.

図 26（102 ページ）：

Based on the data in K. Yoshii et al. (1999), 'Stable Isotope Analyses of the Pelagic Food Web in Lake Baikal', *Limnology and Oceanography* 44: 502–11.

図 27（104 ページ）：

Redrawn with permission from the data in: B. K. Ellis et al. (2011), 'Long-Term Effects of a Trophic Cascade in a Large Lake Ecosystem', *Proceedings of the National Academy of Sciences U.S.A.* 108: 1070–5. "PNAS is not responsible for the accuracy of this translation."

図 28（111 ページ）：

Photograph from the Mono Lake Committee, reproduced by permission.

図 29（117 ページ）：

Based on data published in NEIGE (2016), 'Water Column Physico-Chemical Profiles of Lakes and Fiords along the Northern Coastline of Ellesmere Island, v. 1.0', *Nordicana*,

D27, doi: 10.5885/45445CE-7B8194D B81754841.

図 30（119 ページ）：

Replotted from the data in J. Pouliot, P. E. Galand, C. Lovejoy, and W. F. Vincent (2009), 'Vertical Structure of Archaeal Communities and the Distribution of Ammonia Monooxygenase A Gene Variants in Two Meromictic High Arctic Lakes', *Environmental Microbiology* 11: 687–99.

図 32（128 ページ）：

Reproduced by permission from: F. A. Forel (1904), *Le Léman: Monographie limnologique* (Lausanne: F. Rouge), vol. III, fig. 233.

図 35（144 ページ）：

Based on information in P. S. S. Chang et al. (1984), 'Zooplankton in Lake 226: Experimental Lakes Area, Northwestern Ontario, 1971–1978. Data', *Canadian Data Report of Fisheries and Aquatic Sciences* 484: 1–208.

図 36（148 ページ）：

Based on M. Scheffer and S. R. Carpenter (2003), 'Catastrophic Regime Shifts in Ecosystems: Linking Theory to Observation', *Trends in Ecology & Evolution* 18: 648–56.

参考図書：さらに学びたい方へ

湖に関する歴史や文学

G. Bachelard, *Water and Dreams: An Essay on the Imagination of Matter* (Dallas: The Pegasus Foundation, 1983).

C. Bertola, *Léman Maniac* [*Crazy about Lake Geneva*] (Nyon: Éditions Glénat, 2009).

J. Dennis, *The Living Great Lakes: Searching for the Heart of the Inland Seas* (New York: Thomas Dunne Books, 2003).

D. Egan, *The Death and Life of the Great Lakes* (New York: W. W. Norton & Company, 2017).

F. N. Egerton, 'History of Ecological Sciences, Part 50: Formalizing Limnology, 1870s to 1920s', *The Bulletin of the Ecological Society of America* 95(2): 131-53 (2014).

F. A. Forel, 'Notice sur l'histoire naturelle du lac Léman' [Notes on the Natural History of Lake Geneva], pp. 217-43 in: E. Rambert, H. Lebert, Ch. Dufour, F. A. Forel, and S. Chavannes (eds), *Montreux* (Neuchâtel: H. Furrer, 1877).

F. A. Forel, 'Allgemeine Biologie eines Suesswassersees' ['General Biology of a Freshwater Lake'], pp. 1-26 in: O. Zacharias (ed.), *Die Tier- und Pflanzenwelt des Suesswassers* [*The Flora and Fauna of Freshwaters*] (Leipzig: J. J. Weber, 1891).

F. A. Forel, *Le Léman: Monographie limnologique* [*Lake Geneva: Limnological Monograph*], Vols I, II, III (Lausanne: F. Rouge & Compagnie, 1892, 1895, 1904).

F. D. C. Forel (ed.), *Forel et le Léman: Aux sources de la limnologie [Forel and Lake Geneva: To the Origins of Limnology]* (Lausanne: Presses Polytechniques et Universitaires Romandes, 2012).

J. B. Gidmark, *Encyclopedia of American Literature of the Sea and Great Lakes* (Westport: Greenwood Press, 2001).

W. Grady (ed.), *Dark Waters Dancing to a Breeze: A Literary Companion to Rivers and Lakes* (Vancouver: Greystone Books, 2007).

B. Green, *Water, Ice & Stone: Science and Memory on the Antarctic Lakes* (New York: Harmony Books, 1995). A captivating, insightful account of lake science in the field.

J. Hart, *Storm over Mono: The Mono Lake Battle and the California Water Future* (Berkeley: University of California Press, 1996). This book has inspired students to become environmental scientists.

J. Kirk, *In the Domain of the Lake Monsters* (Toronto: Key Porter Books, 1998).

R. L. Lindeman, 'Seasonal Food-Cycle Dynamics in a Senescent Lake', *American Midland Naturalist* 1: 636–73 (1941).

S. Plath, *Crossing the Water* (London: Faber & Faber, 1975).

A. W. Reed, *Treasury of Maori Folklore* (Wellington: A. H. & A. W. Reed, 1963).

A. Steleanu, *Geschichte der Limnologie und ihrer Grundlagen [History of Limnology and its Foundations]* (Frankfurt: Haag & Herchen, 1989).

S. Tesson, *The Consolations of the Forest: Alone in a Cabin on the Siberian Tundra* (New York: Rizzoli International Publications Inc., 2013). A modern-day *Walden* set at Lake Baikal, Russia.

A. Thienemann, 'Seetypen' ['Lake Types'] *Naturwissenschaften* 9: 343–6 (1921).

H. D. Thoreau, *Walden* (New Haven: Yale University Press, 2006). This fully annotated, affordable version of Thoreau's 1854 classic is edited by Jeffrey S. Cramer, curator of the Thoreau Institute.

G. Topping (ed.), *Great Salt Lake: An Anthology* (Logan: Utah State University Press, 2003).

M. Twain, *Roughing It* (New York: Harper and Brothers, 1872). Includes entertaining accounts of Mark Twain's visits to Lake Tahoe and Mono Lake.

W. F. Vincent and C. Bertola, 'Lake Physics to Ecosystem Services: Forel and the Origins of Limnology', *Limnology and Oceanography e-Lectures*, 4(3), doi:10:4319/lol.2014.wvincent.cbertola.8 (2014). Available at: <http://www.cen.ulaval.ca/warwickvincent/PDF-files/303-Forel.pdf>.

湖の科学や水圏生物学の一般書

M. J. Burgis and P. Morris, *The World of Lakes: Lakes of the World* (Ambleside: Freshwater Biological Association, 2007).

D. Gilpin and J. Schmid-Araya, *The Illustrated World Encyclopedia of Freshwater Fish & River Creatures* (London: Hermes House, 2009).

U. Lemmin, *Voyage dans les abysses du Léman* [*Voyage into the Abyssal Depths of Lake Geneva*] (Lausanne: Presses Polytechniques et Universitaires Romandes, 2016).

B. Moss, *Ponds and Small Lakes: Microorganisms and Freshwater Ecology* (Exeter: Pelagic Publishing, 2017).

L.-H. Olsen, J. Sunesen, and B. V. Pedersen, *Small Freshwater Creatures* (Oxford: Oxford University Press, 2001).

G. K. Reid et al., *Pond Life: A Guide to Common Plants and Ani-*

mals of North American Ponds and Lakes（New York: St Martin's Press, 2001）.

D. W. Schindler and J. R. Vallentyne, *The Algal Bowl: Overfertilization of the World's Freshwaters and Estuaries*（Edmonton: The University of Alberta Press, 2008）.

専門書

J. L. Awange and O. Ong'ang'a, *Lake Victoria: Ecology, Resources, Environment*（Heidelberg: Springer, 2006）.

T. D. Brock, *A Eutrophic Lake: Lake Mendota, Wisconsin*（New York: Springer Verlag, 1985）.

C. Brönmark and L.-A. Hansson, *The Biology of Lakes and Ponds*（Oxford: Oxford University Press, 2005）.（邦訳：池と湖の生物学. 占部城太郎監訳, 共立出版, 2007）

G. A. Cole and P. E. Weihe, *Textbook of Limnology*（Long Grove: Waveland Press, 2016）.

W. K. Dodds and M. R. Whiles, *Freshwater Ecology: Concepts and Environmental Applications of Limnology*, 2nd edn（San Diego: Academic Press, 2010）.

S. I. Dodson, *Introduction to Limnology*（New York: McGraw-Hill, 2005）.

J.-C. Druart and G. Balvay, *Le Léman et sa vie microscopique* [*Lake Geneva and its Microscopic Life*]（Versailles: Éditions Quae, 2007）.

A. J. Horne and C. R. Goldman, *Limnology*（New York: McGraw-Hill, 1994）.（邦訳：陸水学. 手塚泰彦訳, 京都大学学術出版会, 1999）

J. Kalff, *Limnology: Inland Water Ecosystems*（Upper Saddle River: Prentice Hall, 2002）.

G. E. Likens（ed.）, *Encyclopedia of Inland Waters*, 3 volumes（Oxford: Elsevier, 2009).

B. Moss, *Ecology of Freshwaters: A View for the Twenty-First Century*, 4th edn (Oxford: Wiley-Blackwell, 2010).

S. T. Ross, *Ecology of North American Freshwater Fishes* (Berkeley: University of California Press, 2013).

J. P. Smol, *Pollution of Lakes and Rivers: A Paleoenvironmental Perspective*, 2nd edn (New York: John Wiley & Sons, 2008).

R. W. Sterner and J. J. Elser, *Ecological Stoichiometry: The Biology of Elements from Molecules to the Biosphere* (Princeton: Princeton University Press, 2002).

J. H. Thorp and A. P. Covich (eds), *Ecology and Classification of North American Freshwater Invertebrates*, 3rd edn (Oxford: Elsevier, 2010).

J. G. Tundisi and T. M. Tundisi, *Limnology* (Boca Raton: CRC Press, 2012).

W. F. Vincent and J. Laybourn-Parry (eds), *Polar Lakes and Rivers: Limnology of Arctic and Antarctic Aquatic Ecosystems* (Oxford: Oxford University Press, 2008).

J. D. Wehr, R. G. Sheath, and J. P. Kociolek (eds), *Freshwater Algae of North America: Ecology and Classification* (San Diego: Elsevier, 2015).

R. G. Wetzel, *Limnology: Lake and River Ecosystems*, 3rd edn (New York: Academic Press, 2001).

論文
(＊は，日本語版で追記した論文)

S. Bonilla, and F. R. Pick, 'Freshwater bloom-forming cyanobacteria and anthropogenic change', *Limnology and Oceanography e-Lec-*

tures, 7(2) (2017), https://doi.org/10.1002/loe2.10006.

J. Catalan et al., 'High Mountain Lakes: Extreme Habitats and Witnesses of Environmental Changes', *Limnetica*, 25: 551–584 (2006).

B. C. Christner, J. C. Priscu et al., 'A microbial ecosystem beneath the West Antarctic ice sheet', *Nature*, 512: 310–313 (2014).

J. J. Cole et al. 'Plumbing the Global Carbon Cycle: Integrating Inland Waters into the Terrestrial Carbon Budget', *Ecosystems*, 10: 172–185 (2007).

B. R. Deemer et al., 'Greenhouse Gas Emissions from Reservoir Water Surfaces: A New Global Synthesis', *BioScience*, 66: 949–964 (2016).

J. A. Downing, 'Emerging Global Role of Small Lakes and Ponds', *Limnetica*, 29: 9–24 (2010).

D. Dudgeon et al., 'Freshwater Biodiversity: Importance, Threats, Status and Conservation Challenges', *Biological Reviews*, 81.2: 163–182 (2006).

L. Grattan et V. Trainer (eds.) 2016. 'Harmful Algal Blooms and Public Health', *Harmful Algae*, 57B: 1–56 (2016).

F. Hölker et al., 'Tube-Dwelling Invertebrates: Tiny Ecosystem Engineers have Large Effects in Lake Ecosystems', *Ecological Monographs*, 85.3: 333–351 (2015).

T. Inoue et al., 'Short-Term Variation in Benthic Phosphorus Transfer due to Discontinuous Aeration/Oxygenation Operation', *Limnology*, 18: 195–207 (2017).*

Y. Kondo et al., 'Community Capability Building for Environmental Conservation in Lake Biwa (Japan) through an Adaptive and Abductive Approach', *Socio-Ecological Practice Research*, 3: 167–183 (2021).

M. Kumagai, R. D. Robarts, and Y. Aota, 'Increasing Benthic Vent

Formation: A Threat to Japan's Ancient Lake', *Scientific Reports*, 11:4175 (2021).*

S. MacIntyre, and R. Jellison, 'Nutrient Fluxes from Upwelling and Enhanced Turbulence at the Top of the Pycnocline in Mono Lake, California', *Hydrobiologia*, 466: 13-29 (2001).

J.-S. Moore et al., 'Genomics and telemetry suggest a role for migration harshness in determining overwintering habitat choice, but not gene flow, in anadromous Arctic Char', *Molecular Ecology*, 26: 6784-6800 (2017).

M. V. Moore et al., 'Climate Change and the World's "Sacred Sea" – Lake Baikal, Siberia', *BioScience*, 59: 405-417 (2009).

M. V. Moore et al., 'Trophic Coupling of the Microbial and the Classical Food Web in Lake Baikal, Siberia', *Freshwater Biology*, 64: 138-151 (2019).*

R. J. Newton et al., 'A Guide to the Natural History of Freshwater Lake Bacteria', *Microbiology and Molecular Biology Reviews*, 75: 14-49 (2011).

Y. Okazaki et al., 'Ubiquity and Quantitative Significance of Bacterioplankton Lineages Inhabiting the Oxygenated Hypolimnion of Deep Freshwater Lakes', *The ISME Journal*, 11: 2279-2293 (2017).*

C. M. O'Reilly et al., 'Rapid and Highly Variable Warming of Lake Surface Waters around the Globe', *Geophysical Research Letters*, 42.24 (2015).

H. W. Paerl et al., 'It Takes Two to Tango: When and Where Dual Nutrient (N & P) Reductions are Needed to Protect Lakes and Downstream Ecosystems', *Environmental Science & Technology*, 50: 10805-10813 (2016).

B. Qin et al., 'Environmental Issues of Lake Taihu, China', *Hydrobio-*

logia, 581: 3-14 (2007).*

L. G. M. Pettersson, R. H. Henchman, and A. Nilsson, 'Water: The Most Anomalous Liquid', *Chemical Reviews*, 116: 7459-7462 (2016).

S. Pointing et al., 'Quantifying Human Impact on Earth's Microbiome', *Nature Microbiology*, 1: 16145 (2016).

D. Righton et al., 'Empirical Observations of the Spawning Migration of European Eels: The Long and Dangerous Road to the Sargasso Sea', *Science Advances*, 2: e1501694 (2016).

J. P. Smol, 'Paleolimnology: An introduction to approaches used to track long-term environmental changes using lake sediments', *Limnology and Oceanography e-Lectures* 1(3) (2009), https://doi.org/10.4319/lol.2009.jsmol.3.

J. A. Stenson, 'Differential Predation by Fish on Two Species of *Chaoborus* (Diptera, Chaoboridae)', *Oikos*, 31: 98-101 (1978).

J. D. Stockwell et al., 'Habitat Coupling in a Large Lake System: Delivery of an Energy Subsidy by an Offshore Planktivore to the Nearshore Zone of Lake Superior', *Freshwater Biology*, 59: 1197-1212 (2014).

C. A. Suttle, 'Environmental Microbiology: Viral Diversity on the Global Stage', *Nature Microbiology*, 1: 16205 (2016).

C. S. Turney, and H. Brown, 'Catastrophic Early Holocene Sea Level Rise, Human Migration and the Neolithic Transition in Europe', *Quaternary Science Reviews*, 26: 2036-2041 (2007).

J. Urabe, and Y. Watanabe, 'Possibility of N or P Limitation for Planktonic Cladocerans: an Experimental Test', *Limnology and Oceanography*, 37: 244-251 (1992).*

C. Verpoorter et al., 'A Global Inventory of Lakes Based on High-Resolution Satellite Imagery', *Geophysical Research Letters*, 41:

6396-6402（2014）.

W. F. Vincent, 'Lakes: A Guide to the Scientific Literature', *Oxford Bibliographies in Environmental Science*, doi: 10.1093/OBO/9780199363445-0107（2022）.

C. E. Williamson et al., 'Ecological Consequences of Long-Term Browning in Lakes', *Scientific Reports*, 5: 18666（2015）.

K. O. Winemiller et al., 'Balancing Hydropower and Biodiversity in the Amazon, Congo, and Mekong', *Science*, 351: 128-129（2016）.

S. Yamada, and J. Urabe, 'Role of Sediment in Determining the Vulnerability of Three Littoral Cladoceran Species to Odonate Larvae Predation', *Inland Waters*, 11: 154-161（2021）.[*]

H. Yamaguchi et al., 'Genomic Characteristics of the Toxic Bloom-Forming Cyanobacterium *Microcystis aeruginosa* NIES-102', *Journal of Genomics*, 8: 1-8（2020）.[*]

参考になるウェブサイト

湖沼海洋科学学会：<https://www.aslo.org/>.

「ケルビン・ヘルムホルツの不安定」のデモンストレーション：<https://www. youtube.com/watch?v=UbAfvcaYr00>

ユスリカ類の生活史と棲管の動画：<https://www.youtube.com/watch?v=RQwau_uSyy4>

水色の測定方法：<http://www.citclops.eu/transparency/measuring-water-transparency>

ラン細菌の分類：<https://pubs.er.usgs.gov/publication/ofr20151164>

世界のダムデータベース：<http://www.icold-cigb.org/GB/world_register/world_register_of_dams.asp>

ミジンコの摂食生態の動画：<https://www.youtube.com/watch?v=

pLL_YzZ_4O0>

ミジンコの遊泳の動画：<https://www.youtube.com/watch?v=
MyDQ_f1mzH8>

イギリスにおける湖沼地帯などの湖の情報：<https://eip.ceh.ac.uk/
apps/lakes/>

ケルビン波の動画：<https://www.youtube.com/watch?v=SZlix47Jq
4A>

琵琶湖の情報：<https://www.biwahaku.jp/english/>

タホ湖の情報：<https://tahoe.ucdavis.edu/>

世界の大型湖沼の情報：<http://www.iaglr.org/lakes/>

ジュネーブ湖の情報：<https://www.cipel.org/en/>

北極域の湖から噴出するメタン：<https://www.dailymotion.com/
video/x2mwrcv>

南極ウンターゼー湖の微生物マット（動画）：<https://www.youtube.
com/watch?v=qs2hUZP-6Bo>

モノ湖の情報：<http://www.monolake.org/>

北米湖沼管理協会：<https://www.nalms.org/>

フサカ類の動画：<https://www.youtube.com/watch?v=LQCj6T5sd
QM>

プランクトン・ベントスの情報（英国淡水生物学会が発行する資料）：
<http://www.environmentdata.org/browse-collection>

ワムシ類の情報：<http://www.microscopy-uk.org.uk/mag/
wimsmall/extra/rotif.html>

国際陸水学会：<http://limnology.org/>

イトミミズ類（動画）：<https://www.youtube.com/watch?v=hxYBi
Bi3EbE>

世界湖沼データベース：<http://wldb.ilec.or.jp/>

日本陸水学会：<http://www.jslim.jp>

訳者あとがき

本書はワーウィック・ヴィンセント博士による「Lakes : a very short introduction」の全訳である。日本語の序文にもあるように，博士とは 30 年来の友人で，当時滋賀県琵琶湖研究所におられた熊谷道夫博士が主導した国際プロジェクトを通じて知り合った。その経緯もあり，ヴィンセント博士と相談し，日本語訳にあたっては熊谷博士に「日本語版に寄せて」を執筆していただいた。本書は湖という世界がどのようなものなのか，一般の方々に広く知ってもらうことを目的としており，同時に，これから研究を目指す初学者や学生の入門書としても書かれている。そこで翻訳にあたっては，なるべく平易な文章になるよう務めた。専門用語は，すでに一般的に使われている単語を極力用いるようにした。なお，本書日本語版にあたって，読者が身近に興味をもてるよう，ヴィンセント博士は日本人研究者による成果を追記して下さった。また，本文で紹介されている事柄の背景については，必要に応じて，訳者の注釈を加えた。わかりづらい文章や，誤った訳語・理解があれば，訳者である私の責任である。なお，本書には著名な研究者が多く出てくるが，紙面の都合上，敬称を略させていただいた。

湖に棲む生物や水質を調べ，研究していくと，必然的に水の化学や物理，さらには地質や人間社会の知識が必要になる。湖の科学が総合科学であるのは必然であり，その道筋を示したのが，本書に登場してくるフランソワ・フォーレルといえるだろう。多くの方に湖の魅力とその科学の醍醐味を感じていただければ，ヴィンセント博士が本書を書かれた目的が達成され，微力ながらも貢献できたことを，訳者として嬉しく思う。

本書は，「湖沼学入門」という表題を考えたが，まったく同名の（私が大好きな）エッセイ集があるので，「湖の科学」とすることにした。翻訳にあたっては，熊谷道夫博士と私の研究室の大曽根葵さんに原稿を読んでいただき，誤りや不明瞭な点を指摘していただいた。本書の日本語版は，英語版が出版された直後からヴィンセント博士と計画していたものの，私の都合により，大幅に遅れてしまった。その間，共立出版（株）の山内千尋氏，天田友理氏はオックスフォード大学出版社と交渉し，翻訳作業を励ましていただいた。特に，天田友理氏は全文に目をとおして多大な編集の労を執っていただいた。心よりお礼申し上げる。

占部城太郎

2022 年 3 月 1 日　仙台

索引

生物名・学名

事項索引

数字

A

B

C

著者紹介

Warwick F. Vincent（ワーウィック・ヴィンセント）ラバル大学教授

ニュージーランド・オークランド大学で藻類および生物学を修めた後，カリフォルニア大学デイビス校にて生態学で博士号を取得。英国・淡水生物研究機構でポスドクの後，ニュージーランド・タウポ研究所海洋淡水部門研究員などを経て，1990年より現職。Canadian Research Chair に選出され，カナダ大学間共同北方研究センター長などを歴任。専門は陸水学，特に北極・南極をはじめとする極地・高山の湖沼を対象に，微生物生態や低次生産に関する研究に従事し，350編の論文・総説を執筆。カナダ王立協会フェロー，カナダ王立地理協会フェロー，ニュージーランド王立協会名誉フェローなど。

訳者紹介

占部　城太郎（うらべ　じょうたろう）

略　歴　1987年東京都立大学大学院理学研究科 単位取得退学。1987年千葉県立中央博物館学芸研究員，1993年東京都立大学理学部生物学科助手，1994年ミネソタ大学生態進化行動学教室客員研究員，1995年京都大学生態学研究センター助教授を経て，2003年より現職。日本生態学会長，応用生態工学会長，日本陸水学会長などを歴任。

現　在　東北大学大学院生命科学研究科 教授，長野大学淡水生物学研究所 特任教授，理学博士

専　門　生態学，陸水学

著訳書　『地球環境と生態系―陸域生態系の科学』（共編著，共立出版，2006），『湖と池の生物学―生物の適応から群集理論・保全まで』（監訳，共立出版，2007），『湖沼近過去調査法―より良い湖沼環境と保全目標設定のために』（編著，共立出版，2014）など

湖の科学

原著書名：
Lakes: A Very Short Introduction

著　者	ワーウィック・ヴィンセント (Warwick F. Vincent)
訳　者	占部城太郎　　　©2022
発行者	南條　光章
発行所	**共立出版株式会社**

〒112-0006
東京都文京区小日向4丁目6番19号
電話　(03) 3947-2511（代表）
振替口座　00110-2-57035
www.kyoritsu-pub.co.jp

2022年4月30日　初版1刷発行

印　刷	藤原印刷
製　本	

検印廃止
NDC 452.9, 468
ISBN 978-4-320-05836-1　Printed in Japan

一般社団法人
自然科学書協会
会員